电力科学与技术发展
—— 年度报告 ——
2023

U0385450

虚拟电厂发展模式与市场机制研究报告

中国电力科学研究院　组编

中国电力出版社
CHINA ELECTRIC POWER PRESS

图书在版编目（CIP）数据

电力科学与技术发展年度报告.虚拟电厂发展模式与市场机制研究报告：2023年 / 中国
电力科学研究院组编 . -- 北京：中国电力出版社，2024.8. -- ISBN 978-7-5198-8798-8

I . TM

中国国家版本馆 CIP 数据核字第 202430YD92 号

出版发行：中国电力出版社

地　　址：北京市东城区北京站西街 19 号（邮政编码 100005）

网　　址：http://www.cepp.sgcc.com.cn

责任编辑：周秋慧（010-63412627）　王蔓莉

责任校对：黄　蓓　王海南

装帧设计：赵丽媛　　永诚天地

责任印制：石　雷

印　　刷：北京九天鸿程印刷有限责任公司

版　　次：2024 年 8 月第一版

印　　次：2024 年 8 月北京第一次印刷

开　　本：889 毫米 ×1194 毫米　16 开本

印　　张：5.75

字　　数：114 千字

定　　价：88.00 元

虚拟电厂发展模式与市场机制研究报告（2023 年）

当前，世界百年未有之大变局加速演进，科技革命和产业变革日新月异，国际能源战略博弈日趋激烈。为发展新质生产力和构建绿色低碳的能源体系，中国电力科学研究院立足于电力科技领域的深厚积累，围绕超导、量子、氢能等多学科领域，力求在前沿科技的应用与实践上、在技术的深度和广度上都有所拓展。为此，我们特推出电力科学与技术发展年度报告，以期为我国能源电力事业的发展贡献一份绵薄之力。

"路漫漫其修远兮，吾将上下而求索。"自古以来，探索与创新便是中华民族不断前行的动力源泉。中国电力科学研究院始终坚守这份精神，致力于锚定世界前沿科技，服务国家战略部署。经过一年来的努力探索，编纂成电力科学与技术发展年度报告，共计 6 本，分别是《超导电力技术发展报告（2023 年）》《新型储能技术与应用研究报告（2023 年）》《面向新型电力系统的数字化前沿分析报告（2023 年）》《电力量子信息发展报告（2023 年）》《虚拟电厂发展模式与市场机制研究报告（2023 年）》《电氢耦合发展报告（2023 年）》。这些报告既是我们阶段性的智库研究成果，也是我们对能源电力领域交叉学科的初步探索与尝试。

"学然后知不足，教然后知困。"我们深知科研探索永无止境，每一次的突破都源自无数次的尝试与修正。这套报告虽是我们的一家之言，但初衷是为了激发业界的共同思考。受编者水平所限，书中难免存在不成熟和疏漏之处。我们始终铭记"三人行，必有我师"的古训，保持谦虚和开放的态度，真诚地邀请大家对报告中的不足之处提出宝贵的批评和建议。我们期待与业界同仁携手合作，不断深化科研探索，继续努力为我国能源电力事业的发展贡献更多的智慧和力量。

中国电力科学研究院有限公司

2024 年 4 月

虚拟电厂发展模式与市场机制研究报告（2023年）

近年来，受极端天气频发、新能源渗透率不断提高的影响，电力保供形势日趋严峻，亟待建立更加灵活的需求侧资源管理模式。2016年，国家发展改革委等部门发布《关于推进"互联网+"智慧能源发展的指导意见》（发改能源〔2016〕392号），提出逐步培育虚拟电厂、负荷集成商等新型市场主体，增加灵活性资源供应。虚拟电厂作为一种需求侧资源参与电网调节的有效形式，成为学术界和工业界的研究热点。

伴随着国内虚拟电厂的快速发展，中国电力科学研究院用电与能效研究所聚焦虚拟电厂运行与控制技术，开展了负荷分析预测、潜力动态评估、资源协调控制、响应效果评估核证、多元电力市场交易策略、虚拟电厂运行仿真等技术研究工作，攻克了诸多关键技术难题，取得了一系列具有自主知识产权的创新性成果。同时，作为国网营销部技术支撑服务单位，中国电力科学研究院用电与能效研究所长期跟踪国内虚拟电厂建设运营试点示范项目，定时总结分析虚拟电厂业务发展情况及存在的问题，及时形成解决方案或政策建议，报送相关单位和部门。

为推动中国虚拟电厂发展，总结和传播虚拟电厂实践经验成果，中国电力科学研究院用电与能效研究所组织编写了《虚拟电厂发展模式与市场机制研究报告（2023年）》。该报告全面翔实地介绍了虚拟电厂建设的相关内涵、关键技术和实践案例，帮助读者加深对虚拟电厂的内涵及关键技术的理解，为中国虚拟电厂参与电力市场政策的制定和实施提供客观、全面、有价值的参考和咨询，对中国虚拟电厂的建设和运营具有借鉴作用。

展望未来，虚拟电厂参与电网运行的支持政策将渐趋成熟，虚拟电厂运行技术水平将不断提升，市场机制、商业模式将百花齐放，标准体系也将持续升级，虚拟电厂支撑新型电力系统发展的市场前景广阔，但在促进中国虚拟电厂发展过程中，仍需要各方面共同努力。这里，我怀着愉悦的心情向大家推荐《虚拟电厂发展模式与市场机制研究报告（2023 年）》，并相信其将为科研人员、工程技术人员和高校师生提供有益帮助。

中国工程院院士

天津大学教授

2024 年 4 月

虚拟电厂发展模式与市场机制研究报告（2023 年）

"双碳"目标推动系统电源结构与负荷特性加速转变，电网尖峰负荷屡创新高、峰谷差持续拉大，给电网平衡、电力保供带来巨大挑战，需求侧资源参与电网互动调节是发展新型电力系统的必然选择，也是国家电网公司"十四五"规划的重要内容。虚拟电厂作为需求侧灵活性资源集成聚合的主要形式，对海量灵活性资源进行感知监测、状态估计、聚合互动，从能量、空间、时间三个维度实现需求侧资源集群参与电网调峰、新能源消纳、市场交易等多场景应用。

在能源消费革命提出十周年之际，为总结现有虚拟电厂实践经验，分析虚拟电厂建设运营的关键技术和运营模式，探索虚拟电厂未来发展路径，中国电力科学研究院用电与能效研究所组织各方力量，编制了《虚拟电厂发展模式与市场机制研究报告（2023 年）》。本报告第 1 章从虚拟电厂的背景与意义入手，剖析了其定义与内涵，辨析了其与微电网、平衡单元、需求响应等相近概念的关系，并分析了其应用前景。第 2 章概述了国内外虚拟电厂技术研究、建设情况、试验检测和标准化进展，并分析了存在的问题。第 3 章介绍了虚拟电厂发展的关键技术，包括潜力感知、信息通信、先进控制、人工智能、数字孪生和网络安全。第 4 章提出了虚拟电厂的市场机制与运营模式，并分析其技术经济性和运营技术要求。第 5 章介绍了国内外典型虚拟电厂案例，并提出了我国虚拟电厂工程建设建议。第 6 章提出了虚拟电厂发展的建议，并展望了 2030 年虚拟电厂发展的蓝图。

本报告汇集了虚拟电厂实践过程中的最新成果，内容翔实，通俗易懂，是电力企业、设备厂家、科研机构专业技术人员及大专院校有关专业师生了解、学习虚拟电厂有关知识的实用化的参考资料。本报告在编写过程中，得到了有关专家的大力支持和帮助，在此一并致以衷心的感谢。

由于作者水平有限，报告中疏漏之处在所难免，敬请广大读者和技术同仁批评指正。

编者

2024 年 4 月

CONTENTS

目 录

背 景

落实能源消费革命战略要求，需加快建设新型电力系统。推进能源消费革命有利于增强能源安全保障能力、提升经济发展质量和效益、增加基本公共服务供给、积极主动应对全球气候变化、全面推进生态文明建设，对于全面建成小康社会和加快建设社会主义现代化国家具有重要的现实意义和深远的战略意义。必须始终坚持以推进供给侧结构性改革为主线，始终维护推进能源革命的基本国策，筑牢能源安全基石，推动能源消费、多元供给、科技创新、深化改革、加强合作，实现能源生产和消费方式的根本性转变。

1.1　虚拟电厂建设发展的政策基础

新型电力系统建设助力"双碳"目标落地，虚拟电厂技术助力需求侧资源调控。2020 年 9 月 22 日，在第七十五届联合国大会一般性辩论中，习近平总书记提出中国二氧化碳排放力争于 2030 年前达到峰值，努力争取 2060 年前实现碳中和。2021 年 3 月 15 日，中央财经委员会第九次会议提出，要构建清洁低碳安全高效的能源体系，控制化石能源总量，着力提高利用效能，实施可再生能源替代行动，深化电力体制改革，构建以新能源为主体的新型电力系统。为深入贯彻落实党中央、国务院关于碳达峰、碳中和的重大战略决策，2021 年 10 月，国务院《关于印发 2030 年前碳达峰行动方案的通知》（国发〔2021〕23 号）指出，加快建设新型电力系统，大力提升电力系统综合调节能力，加快灵活调节电源建设，引导自备电厂、传统高载能工业负荷、工商业可中断负荷、电动汽车充电网络、虚拟电厂等参与系统调节，建设坚强智能电网，提升电网安全保障水平。

需求侧资源参与电网运行支持政策渐趋成熟，虚拟电厂支撑需求侧资源互动正当其时。补贴方面，2017 年 11 月，国家能源局印发《完善电力辅助服务补偿（市场）机制工作方案》（国能发监管〔2017〕67 号），提出电力用户提供的电力辅助服务补偿费用应参照调峰、调频服务计算方式确定；截至 2023 年 8 月，已有宁夏、浙江、福建、天津、河北、陕西等 18 个省（市、区）出台关于需求侧资源参与电网运行的补贴措施，补贴单价最高达到 35 元 /（千瓦·次）。容量建设方面，2022 年 1 月，国家发展改革委、国家能源局《关于印发"十四五"现代能源体系规划的通知》（发改能源

〔2022〕210号）提出，大力提升电力负荷弹性，力争到2025年电力需求侧响应能力达到最大负荷的3%～5%，其中华东、华中、南方等地区达到最大负荷的5%左右。市场化建设方面，2016年2月，国家发展改革委、国家能源局与工业和信息化部《关于推进"互联网+"智慧能源发展的指导意见》（发改能源〔2016〕392号）提出，构建用户自主的能源服务新模式，逐步培育虚拟电厂、负荷集成商等新型市场主体，增加灵活性资源供应；2022年1月，国家发展改革委、国家能源局《关于加快建设全国统一电力市场体系的指导意见》（发改能源〔2022〕118号）提出，培育多元竞争的市场主体，引导需求侧可调负荷资源、储能、分布式能源、新能源汽车等新型市场主体参与市场交易，充分激发和释放用户侧灵活调节能力；2023年9月，国家发展改革委、国家能源局印发《电力现货市场基本规则（试行）》（发改能源规〔2023〕1217号），旨在推动分布式发电、负荷聚合商、储能和虚拟电厂等新型经营主体参与交易。

电力系统源荷特性加速转变，亟需需求侧资源参与电网互动。源侧，风电、光伏等可再生能源开发虽然起步较晚但势头强劲，且已成为未来电力系统的发展方向。2022年中国新增可再生能源装机规模已达1.52亿千瓦，占国内新增发电装机的76.2%，预计到2060年可再生能源装机规模将达到60亿千瓦，装机占比将达到84%以上，一次能源消费非化石能源占比将达到78%。可再生能源并网规模不断扩大，逐步成为发电量增量主体。可再生能源发电出力的波动性、随机性和间歇性，给电力系统安全稳定运行带来严峻挑战；荷侧，随着社会经济发展和电气化水平的提升，电力系统尖峰负荷屡创新高、峰谷差持续拉大，个别时段、局部地区电力供需矛盾突出。"十四五"期间全社会用电量增长率预计为4%～5%，且受第二产业用电比重稳步下降、第三产业和居民用电占比逐年提高的影响，最大负荷增速将高于用电量增速，夏季冬季电力负荷"双高峰"特征更加显著，预测2025年最大日峰谷差率将增至35%，最大日峰谷差达到4亿千瓦。

虚拟电厂是需求侧资源参与电网互动调节的必然选择。当前电力系统峰谷调节、频率调节难度显著上升，现有调节容量捉襟见肘，迫切需要一种具有经济性的新型市场主体参与协同管理和运行调控，分担电力系统调节压力，提升电力系统可靠性和灵活性。2023年9月，国家发展改革委等部门印发《电力负荷管理办法（2023年版）》（发改运行规〔2023〕1261号）和《电力需求侧管理办法（2023年版）》（发改运行规〔2023〕1283号），提出负荷聚合商、虚拟电厂应接入新型电力负荷管理系统，确保负荷资源的统一管理、统一调控、统一服务；建立和完善需求侧资源与电力运行调节的衔接机制，逐步将需求侧资源以虚拟电厂等方式纳入电力平衡，提高电力系统的灵活性；2023 年 11 月，国家发展改革委、国家能源局《关于进一步加快电力现货市场建设工作的通知》（发改办体改〔2023〕813 号）提出，推动储能、虚拟电厂、负荷聚合商等新型主体在削峰填谷、优化电能质量等方面发挥积极作用。

1.2　虚拟电厂定义与内涵

国际电工委员会（International Electrotechnical Commission，IEC）发布技术规范 IEC DTS 63189-1《虚拟电厂　第 1 部分：架构和功能要求》，其中规定虚拟电厂指实现分布式发电、储能设备和可控负荷的聚合、优化和控制的组织或系统。同时正文中给出了两个脚注：聚集的分布式发电、储能设备和可控负荷不一定在同一地理区域内；该组织或系统促进电力系统运行和电力市场活动。中国幅员辽阔，且电力市场与能源管理发展程度与西方发达国家存在差异，对于资源分布范围和经营资质要求需要进行相应约束。

《电力需求侧管理办法（2023 年版）》中提出虚拟电厂的含义，即依托负荷聚合商、售电公司等机构，通过新一代信息通信、系统集成等技术，实现需求侧资源的聚合、协调、优化，形成规模化调节能力，支撑电力系统安全运行。此含义强调了虚拟电厂的调节能力，未将分布式电源聚合为"电厂"形态参与电能量供给纳入考量。分布式电源聚合参与电网运行的形态暂无相关规定，未来或将以常规电厂对此类聚合形态进行管理。

截至 2023 年 12 月，山西、宁夏、上海、重庆 4 个省市出台方案细则，北京、山东、四川、广东等 5 个省出台 8 项地市（县）方案、试点通知及支持措施。其中有代表性的山西、宁夏虚拟电厂方案对虚拟电厂定义如下：

（1）山西省能源局关于印发《虚拟电厂建设与运营管理实施方案》的通知（晋能源规〔2022〕1 号）：虚拟电厂是能源与信息技术深度融合的重要方向，是将不同空间的可调节负荷、储能侧和电源侧等一种或多种资源聚合起来，实现自主协调优化控制，参与电力系统运行和电力市场交易的智慧能源系统，是一种跨空间的、广域的源网荷储的集成商。

（2）宁夏回族自治区发展改革委关于印发《虚拟电厂建设工作方案（试行）》的通知（宁发改运行〔2023〕269号）：虚拟电厂是通过先进的数字化技术、控制技术、物联网技术与信息通信技术，将分布式电源、储能与可调节负荷等资源进行聚合，参与电网运行及电力市场运营的实体。

实际上，虚拟电厂发源已久，其概念源于1997年Shimon Awerbuch博士的著作《虚拟公共设施：新兴产业的描述、技术及竞争力》。21世纪初，兴起于德国、英国、西班牙、法国、丹麦等欧洲国家。2000年，德国、荷兰、西班牙等五国启动全球首个虚拟电厂项目。2013年，虚拟电厂开始在欧洲大规模商业化应用。相较于欧洲的虚拟电厂，美国侧重于实施需求响应，并随着技术的发展，在分布式电源富集地区试点虚拟电厂，于2005年首次颁发大力支持需求响应建设的《能源政策法案》；2010年颁发《需求响应国家行动计划》[1]；2016年首次探索虚拟电厂。国内方面，2015年上海黄浦区启动需求响应型虚拟电厂试点工作。2016年，国家发展改革委针对《上海市经信委关于上海市城区（黄浦）商业建筑虚拟电厂示范项目的请示》（沪经信电〔2016〕320号）进行批复。2018年，中国电科院、国网冀北电力有限公司代表国家电网公司提交的两项虚拟电厂标准获得国际电工委员会批准立项。2022年1月，在国家发展改革委、国家能源局印发的《"十四五"现代能源体系规划》（发改能源〔2022〕210号）中，首次从国家层面提出开展虚拟电厂示范。

前文所述各方对虚拟电厂的定义中，在虚拟电厂的角色定位、资源范围和运营活动方面各有差异，虚拟电厂定义与内涵亟待达成共识。在多方请教业内专家后，编者认为：虚拟电厂是指利用数字化、智能化等先进技术将需求侧一定区域内的可调节负荷、分布式电源、储能等资源进行聚合、协调、优化，结合相应的电力市场机制，构成具备响应电网运行调节能力的系统。

虚拟电厂具备以下特征：

（1）资源类型多样：由需求侧分布式电源、分散式储能和可调节负荷等资源组成，这些资源可以分布在一定范围内不同的地理位置和电网拓扑中。

（2）可监测可调控：虚拟电厂以数字化、智能化技术为基础，通过对各类资源进行监测、控制，参与市场化交易和电网互动。

（3）市场盈利导向：负荷聚合商、售电公司等市场主体，利用虚拟电厂参与电力市场实现盈利，同时帮助用户优化用能行为，实现互利共赢。

（4）优化电网运行：缓解局部区域电网过载问题，服务电力保供，为新型电力系统运行提供平衡资源，促进新能源消纳。

针对上述概念和特征，需要澄清的相关释义如下：

（1）从定位看，虚拟电厂运营属于需求侧业务。虚拟电厂是需求侧资源的一种组织方式，是需求侧资源管理的重要对象。虚拟电厂应能够常态化参与现货、辅助服务、需求响应等，支撑电网供需平衡调节，促进新能源消纳。

（2）从资源范围看，虚拟电厂存在地理空间位置约束。虚拟电厂依托电网发挥作用，其聚合资源电压等级较低，受电网拓扑和地理位置约束，主要参与省内和局部区域调节互动。各级调度机构调管的发电资源已实现高质量的调控，虚拟电厂聚合资源不应与调度直调范围重叠，避免调节混乱。小水电、自备电厂等资源不纳入聚合范围。

（3）从管理分工看，营销一口对外有利于虚拟电厂的统一管理和服务。虚拟电厂是已有需求侧资源综合应用的管理系统，没有建设"规划"环节，不存在重新"并网"问题，故无需签署并网调度协议，按照《电力负荷管理办法（2023年版）》要求，虚拟电厂应接入新型电力负荷管理系统。因此，由电网营销部门"一口对外"，调度、交易等专业分工开展专业管理，有利于统一认识、达成共识，推动虚拟电厂高质量发展。

虚拟电厂可以在碳达峰、碳中和进程中起到提高能源利用率、提高可再生能源经济性、减少高碳排机组电力调峰出力和增容需求等作用，进而促进碳排放降低。图1-1给出了虚拟电厂组成的示意图。

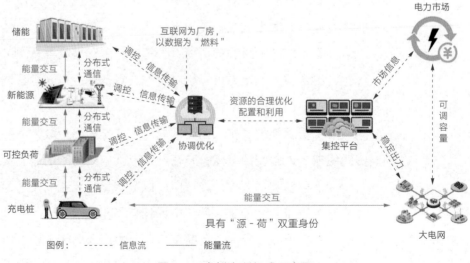

图 1-1 虚拟电厂组成示意图

自虚拟电厂的概念提出至今，由于不同国家电力背景存在差异，对虚拟电厂的研究侧重点也不同。为此，本节将对虚拟电厂概念与一些相近概念进行辨析，从而明确虚拟电厂内涵。

（1）与微电网之间的关系。微电网是一种将分布式电源、负荷、储能装置、变流器及监控保护装置有机整合在一起的小型发配电系统[2]。凭借微电网的运行控制和能量管理等关键技术，可以实现其并网或孤岛运行，降低间歇性分布式电源给配电网带来的不利影响，最大限度地利用分布式电源，提高供电可靠性和电能质量。目前，虚拟电厂和微电网是解决小容量分布式能源并网的主要手段，也是实现分布式发电并网最具创造力和吸引力的两种形式。

尽管虚拟电厂和微电网均可有效解决分布式发电及相关设备整合并网问题，但二者在设计理念、组成、运行模式与特性等方面仍有诸多区别。微电网注重自治，而虚拟电厂更侧重参与市场交易和外特性展现。微电网整合地理位置较近的分布式发电，而虚拟电厂凭借先进通信和计量技术，可聚合多个地理位置接近或分散的分布式能源。运行方面，微电网可以在并网和孤岛两种运行模式下运行，而虚拟电厂及其所聚合资源全部工作于并网运行模式。故障应对方面，当主网出现故障时，微电网可以切换为孤岛运行模式独立运行，从而规避主网故障带来的风险，而虚拟电厂需始终保持并网运行状态，且需要为主网提供一定的支撑能力。目前，大多数省市虚拟电厂准入政策中允许微电网作为虚拟电厂参与电能量、辅助服务、需求响应等市场交易。

（2）与平衡单元之间的关系。平衡单元（Balance Group，BG），又称平衡基团是负责结算所在区域内一系列电力供应商生产，电力用户购买、消耗，电力经销商交易电力的结算单元。在一个平衡单元内，电力输入和输出之间需保持平衡，否则将受到经济性处罚。通过这一机制，平衡单元内尽可能避免电力生产过剩或不足，并最终使电网整体的用电量和发电量达到平衡。平衡单元的责任主体被称为平衡责任方（Balance Responsibility Party，BRP）。BRP通过实时参与电力现货市场交易，维持平衡单元的实时电能量平衡。为此，BRP需要开展平衡区负荷预测及现货市场电价预测工作。

随着可再生能源的快速普及，BRP的预测和调度变得十分复杂。可再生能源发电设备受到季节、天气影响，会产生剧烈的出力波动。为降低不平衡风险，平衡单元内应包含具有快速响应特性及可灵活控制的电源和负荷。为避免平衡单元电力失衡，BRP通常会引入虚拟电厂作为平衡资源提供方，通过聚合易于控制、地理位置多样化的电源、储能、负荷，将其作为内部灵活性资源进行调用，避免平衡单元电能量的不平衡。平衡单元目标在于实现平衡区内电能量的实时平衡，而虚拟电厂侧重对电网提供电能量和多样化的辅助服务。因此平衡单元并非虚拟电厂，二者之间的关系为：平衡单元中应包含有虚拟电厂作为平衡资源提供方。规模较小的平衡单元可以在自身平衡区范围内开展虚拟电厂聚合，但应明确，这种形式的虚拟电厂应作为BRP的一项业务开展。

（3）与需求响应之间的关系。需求响应概念最早起源于美国。需求响应的概念是美国在进行了电力市场化改革以后，针对需求侧管理如何在竞争市场中充分发挥作用以维持系统可靠性和提高市场运行效率而提出的。《电力需求响应系统通用技术规范》（GB/T 32672）中给出了需求响应的定义：需求响应是电力用户对实施机构发布的价格信号或激励机制做出响应，并改变电力消费模式的一种参与行为。而广义上来说，需求响应可以定义为：电力用户针对市场价格信号或者激励机制做出响应，并改变正常电力消费模式的市场参与行为[3]。在电网智能化的背景下，新型需求响应完全实现了自动调控，在电力供应紧张时，自动向用户发出削减负荷的需求响应信号，家庭或企业等电力用户自动接收需求响应信号，通过自身能量管理系统控制调整用电，并对需求响应结果自动进行报告。

虚拟电厂和需求响应的区别主要体现在"能量"供给的方式上：虚拟电厂能够聚合管理风电、光伏发电、生物质发电等非就地消纳的分布式电源及多样化的可调节负荷，参与中长期、现货电力市场交易，为电力系统提供峰谷调节和辅助服务支撑；而需求响应侧重于通过临时调低用电功率或关停用电设备，以错峰用电的方式为电力系统缓解供电压力，解决短时电量供给不足问题。作为需求侧典型的可调节资源聚合形式，虚拟电厂可以开展市场化需求响应业务，而各类需求响应交易品种也是虚拟电厂取得收益的重要途径。

（4）与负荷聚合商之间的关系。负荷聚合商是一类需求侧负荷调节服务机构，通过技术、管理等手段整合需求侧资源，参与电力系统运行，为电力用户提供参与需求响应、电力市场等一种或多种服务，从而实现资源的综合优化配置[4]。由于对负荷调节能力的挖掘还不够深入，用户响应系统平衡波动的程度还不够高，发达国家中出现了负荷聚合商作为新的专业化需求响应提供商。

若考虑分布式电源和储能作为特殊类型的可调节负荷资源，负荷聚合商与虚拟电厂的概念和聚合范围是相同的。但从概念广度上，虚拟电厂含义可以涵盖负荷聚合商。在对虚拟电厂的管理上，理想情况下可以实现与实际电厂同权同责管理，而负荷聚合商仅为参与电力系统运营，参与电力市场交易，获取电力系统调节收益的一类主体。相比于负荷聚合商，虚拟电厂的管理和准入更加标准、严格，同时虚拟电厂可以准入的市场类型也更多。

（5）与售电公司之间的关系。售电公司是将电力商品由发电公司或批发市场销售至终端用户的中间商，是电力零售市场中购售电环节的主要承担者，为终端电力用户提供电力业务及相关增值服务[5]。根据《售电公司管理办法》，售电公司在注册时需要满足一定的资产要求、从业人员要求、经营场所和技术支持系统要求、信用要求及法律法规和地方行政规则要求。售电公司为用户提供包括但不限于合同能源管理、综合节能、合理用能咨询和用电设备运行维护等增值服务。

对比虚拟电厂与售电公司之间的区别，在开展服务方面，虚拟电厂侧重针对电网的调节和服务能力，而售电公司侧重对用户开展电力经销服务。在盈利模式方面，虚拟电厂可通过电能量市场、需求响应和辅助服务市场交易实现盈利，而售电公司的主要盈利手段为在电能量市场开展交易并向代理用户售电。准入资质方面，售电公司的营业执照经营范围必须明确具备电力经销、代理购售电或电力供应等业务事项，虚拟电厂目前并未有明确的营业执照。另外，虚拟电厂与售电公司之间存在一定的业务联系，例如二者均需要稳定的代理用户，均可通过开展电能量交易实现盈利，均需在交易中心开展市场交易。因此，目前部分省份规定虚拟电厂准入需要经营主体具备售电公司资质。作为已代理一定稳定用户的电力经销机构，售电公司可以将虚拟电厂作为一项经营业务开展，在为用户提供电能量经销服务的同时，通过技术和商业手段，为电网提供一定的辅助服务。

表 1-1 总结了虚拟电厂与微电网、平衡单元、需求响应、负荷聚合商、售电公司之间的概念联系与区别。

表 1-1　虚拟电厂相关概念辨析表

序号	概念	联系	区别
1	微电网	（1）均靠近用户侧； （2）均为分布式可调节资源接入电网形式	（1）微电网具备并网与孤岛两种运行模式，虚拟电厂仅可并网运行； （2）微电网整合地理位置相近的资源，虚拟电厂可调节资源空间分布较分散； （3）微电网面对主网风险采用主动孤岛策略，虚拟电厂需主动为电网提供调节支撑能力
2	平衡单元	（1）均包含可调节资源； （2）均需开展可再生能源出力与负荷预测	（1）平衡单元内包含虚拟电厂作为灵活性资源提供方； （2）平衡单元强调保证电能量的实时结算平衡，而虚拟电厂强调为电网提供电能量和多样化的辅助服务
3	需求响应	均可提升电力系统用户侧灵活性调节能力	（1）虚拟电厂通过市场交易获利，需求响应主要通过获取需求响应补贴获利； （2）虚拟电厂需开展需求侧可调节资源聚合，需求响应为用户自发参与
4	负荷聚合商	（1）均开展需求侧可调节资源聚合； （2）均通过技术、管理等手段提升电网调节能力	（1）虚拟电厂的管理和准入更加标准、严格； （2）虚拟电厂可以准入的市场类型更多
5	售电公司	（1）均有稳定的代理用户； （2）均可参与电力现货市场； （3）均可通过开展电能量交易获益	（1）售电公司主要针对电力用户开展电能量经销工作，虚拟电厂主要针对电网开展调节工作； （2）售电公司的营业执照经营范围必须明确具备电力销售、售电或电力供应等业务事项，虚拟电厂目前没有明确的营业执照

1.3　虚拟电厂应用前景

推动电网供需平衡，支撑电力供应安全。2023 年度夏期间，受经济复苏、极端天气等多因素影响，国家电网公司经营区最大负荷达到 10.83 亿千瓦，电力保供形势严峻。虚拟电厂既可通过聚合多种分布式资源实现对外发电，又可通过调节内部可控负荷实现节能储备，有效提升区域内源网荷储资源的协同能力，缓解迎峰度夏和迎峰度冬期间地方电网供电紧张局面。以冀北虚拟电厂为例，削峰填谷双向需求响应均取得一定规模，已连续组织 17 次月度竞价出清，具有 200 万千瓦以上的削峰需求响应执行能力，达到冀北地区最大负荷的 6.71%；调峰辅助服务市场形成可调资源规模 31 万千瓦，达冀北地区最大负荷的 1.04%。

消解分布式发电隐患，保障电网稳定运行。截至 2023 年 9 月，全国户用分布式光伏累计装机容量达 1.05 亿千瓦，日益增长的分布式资源带来了极大的运行隐患。虚拟电厂对于大电网是一个可视化的自组织，可以通过内部的协调控制优化，实现微能源网集群的多能互补和协调运行，大大减小以往分布式资源并网对大电网的冲击，降低分布式资源带来的调度难度，使配电管理更趋于合理有序，提高局部电网运行的稳定性。

实现资源有效整合，灵活参与市场交易。虚拟电厂通过智能控制和运行优化技术，对分布式电源、储能、电动汽车、可调节负荷等各类灵活性资源进行聚合控制，形成满足电力市场准入的规模化主体，依托电力系统提供调峰、调频等辅助服务需求，灵活协调区域内的电力供需资源，提高参与电力市场交易的可靠性和经济性。以浙江综合能源虚拟电厂为例，其已累计接入用户侧分布式储能电站 20 余座，代理通信基站储能电站 2.64 万座，形成具有 5.5 万千瓦响应能力的统一市场参与主体。

改善能源供应管理，推进电力绿色转型。通过促进分布式能源的应用和智能电网的建设，虚拟电厂推动了能源产业的创新升级，为经济发展注入了新动力。同时虚拟电厂的应用还能够减少对传统电网的需求。传统火电厂如果要建设煤电机组来实现经营区域内电力削峰填谷，以满足 5% 的峰值负荷需求即最大用电需求计算，需投入电厂及配套电网建设成本约 4000 亿元；如果借助虚拟电厂来实现同样的功能，其建设、运营、激励等环节仅需投资 500 亿~600 亿元，成本远低于前者。虚拟电厂技术降低了电网建设的投资成本，对资源节约和环境保护具有重要意义。

促进能源高效利用，减少二氧化碳排放。通过整合多种能源资源，并利用智能电网技术进行优化调度，虚拟电厂能够实现对能源供应的智能化控制，提高能源利用效率。通过增加清洁能源比例，虚拟电厂还能够减少对传统化石能源的依赖，降低碳排放，促进可持续发展。例如，在美国的一个虚拟电厂项目中，通过整合光伏、风能和储能等清洁能源资源，有效提高了该地区的能源利用效率，并减少了碳排放。据华能浙江虚拟电厂估算，当可调容量达到 30 万千瓦时，其调节能力相当于 42 万千瓦传统燃煤机组，每年可促进新能源消纳 23.3 亿千瓦时，节省原煤 98.2 万吨，降低二氧化碳排放 187 万吨。

虚拟电厂研究现状与
问题分析

2.1   技术研究进展

虚拟电厂技术的发展，既依托于资源提供的坚实基础，又依赖于政策的导向作用与市场环境所注入的发展活力，三者共同构筑了其推进与广泛应用不可或缺的体系。虚拟电厂技术是基于可调节（可中断）负荷、分布式电源和储能三类资源的发展进行的。这三类资源在现实中往往掺杂在一起，难以完全归属到某一类资源中，但即使资源本身发展成为微电网或者局域能源互联网，依然可以作为虚拟电厂下的一个控制单元。同时，虚拟电厂还受政策和市场的影响，其发展过程可以分成邀约型虚拟电厂、市场型虚拟电厂和自主调度型虚拟电厂三个阶段。

在虚拟电厂技术手段上，研究人员开展了大量的工作。根据 IEC TS 63189-1:2023 标准中提出的功能要求，虚拟电厂具有发电功率预测、负荷预测、发用电计划、可调节负荷管理、储能装置控制管理、分布式电源协调优化、状态监控、通信、数据采集等功能。上述功能涵盖潜力感知、信息通信、先进控制、人工智能、数字孪生和网络安全六大技术领域，它们同时也是虚拟电厂的关键技术。

在潜力感知技术方面，国外利用物联网技术实现对分布式资源的远程监控和管理，以及开发高精度的计量设备和算法实现智能精确感知。国内开发先进的智能计量设备和技术（如智能电能表和传感器），以及利用大数据和云计算技术进行数据分析和处理。在智能计量装置的普及率方面，浙江和江苏等省份已经超过美国的平均水平。

在信息通信技术方面，国外在虚拟电厂通信技术方面较早起步，利用无线通信技术（如 4G/5G）、卫星通信、低功耗广域网等技术，确保信息的高速、可靠传输。研究人员根据行业标准开发一些通信协议，如 IEC 60870-5-104、OpenADR2.0b 和 IEC 61850 等。国内正在推广电力光纤到户、窄带物联网（NB-IoT）、5G 等通信技术，以满足虚拟电厂实时、可靠、安全的数据传输要求[6]。

在先进控制技术方面，国外通过分布式控制策略对多个分布式发电机的输出进行控制[7]，综合考虑储能充、放电频次和额定容量对虚拟电厂系统的影响[8]，综合考虑了三类资源的优化调度控制。国内针对可再生能源机组开展合理配置储能的研究，结合碳排放计算经济成本[9]。分布式电源不确定性量化也是研究的主要内容之一[10]。

在人工智能应用方面，人工智能技术在虚拟电厂中的应用主要集中在数据分析、负荷预测、优化调度等方面，通过机器学习算法和大数据分析，提高对分布式资源的管理和调控能力。国外虚拟电厂在人工智能技术方面已有较为成熟的应用，如德国 Next-Kraftwerke 公司的 NEMOCS 平台。国内现有的自然语言大模型正在火热发展，电力系统的专业大模型也在开发之中。

在数字孪生应用方面，数字孪生技术通过创建物理系统的虚拟副本，实现对虚拟电厂的实时监控、预测和优化。国外如美国通用电气公司（GE）和辛辛那提大学等机构的数字孪生理论和技术被应用于虚拟电厂的设计、运营和维护中，实现对电厂的高效管理和优化。国内探索将数字孪生技术应用于虚拟电厂的管理和运营中，以提高系统的灵活性和效率。

在网络安全防护方面，国外主要关注如何做好系统安全防护、强化边界防护、提高内部安全防护能力，以确保信息系统的安全性。国内在分布式能源站的工业控制系统、面向用户的用电信息系统、电网的调度信息系统的接口安全方面正在开展积极的研究和技术创新。国内外的研究者都在研究如何利用区块链技术，并将其应用到需求响应、辅助服务、分布式发电交易等，以提高虚拟电厂中电力交易的透明度和安全性。

虚拟电厂的技术研究正在不断深入，各项技术的发展和应用将为电力系统的智能化和高效化提供强有力的支持。随着技术的成熟和市场的扩大，虚拟电厂有望在全球范围内得到更广泛的发展和应用。

2.2　虚拟电厂建设情况

1　国外虚拟电厂建设情况

国外虚拟电厂发展起步早，已进入商业化阶段。国外虚拟电厂实践各具特色，与当地资源特性和电网发展面临的问题高度相关，不同国家对虚拟电厂聚合资源的侧重也不尽相同。欧洲虚拟电厂以分布式电源、储能资源为主，主要针对实现分布式电源可靠并网和电力市场运营。例如，德国规模最大的虚拟电厂运营商 Next Kraftwerke 已聚合 15 万个分布式资源,总容量达1120 万千瓦。美国虚拟电厂在需求响应的基础上发展而来,聚焦负荷资源聚合调配,侧重于需求侧柔性负荷主动响应以提升电网运行稳定性,规模已超3000 万千瓦。澳大利亚虚拟电厂聚合资源以用户侧储能为主,可以参与紧急频率控制,辅助服务市场和电能量市场,主要提供频率控制辅助服务。日本以用户侧储能和分布式电源为主,容量计划到 2030 年超过 2500 万千瓦[11]。

国外虚拟电厂服务商普遍应用先进数字化平台实现资源聚合,并拥有根据市场价格、用户需求实现资源优化调控的核心算法。例如,美国特斯拉的Autobidder 平台可以在车辆、电池、光伏设备、电网构成的生态系统中,根据价格信号、功率预测等自动调度,以实现高效的资源分配和最大化的商业效益。国外虚拟电厂可参与电能量、辅助服务、容量等多个市场,通过提供灵活性服务、电价套利等形式获取收益,与用户分成。例如,美国 PJM 市场允许虚拟电厂参与容量市场并优先出清;德国虚拟电厂运营商通过对聚合的各个电源进行控制,考虑不同电力特性,设置不同销售组合参与电力市场交易,获取利润分成,并参与电网调频,获取附加收益。

2 国内虚拟电厂建设情况

中国虚拟电厂起步较晚,目前仍处于试点探索阶段。国内在智能电网早期建设阶段,侧重于坚强电网建设,因此虚拟电厂起步稍晚。同时,中国电力市场仍处于加速建设中,有望依托新型电力系统和电力市场建设,快速推进虚拟电厂建设。中国尚未形成成熟的成套解决方案,虚拟电厂项目基本处于前期试点研究阶段。多个虚拟电厂建设从实施模式探索、资源接入推广、市场机制构建等多方面入手,有序推动各阶段工作任务。据统计,截至2023 年 12 月底,国家电网公司经营区在建和在运的虚拟电厂项目共计 146个,分布在 17 个省份,以社会投资为主,总接入资源❶11057 户,总接入负荷容量 1115.6 万千瓦。

在聚合类型方面,各地聚合资源类型不一,主要以可调负荷为主。冀北虚拟电厂聚合蓄热式电采暖、可调节工商业负荷等 11 类可调资源约 19 万千瓦。上海虚拟电厂接入工商业楼宇、冷热电三联供、电动汽车、动力照明、

---

❶ 按营销户号计,含普通用电户和分布式电源、储能、电动汽车充电设施等新型主体。其中河北铁塔户数原为 22092 户,为便于统计,折算为 1 户计。

铁塔基站等资源，实际单次最大可降负荷 57 万千瓦。山西已公示 2 批共 15 个虚拟电厂建设试点项目，以聚合工业生产负荷为主。浙江虚拟电厂试点聚合工业生产负荷、空调负荷、充电桩、分布式光伏等各类资源，负荷调节能力为 5.94 万千瓦。

在性能要求方面，普遍对调节容量和速率有约束，但各地差异较大。华北地区要求调节容量不小于 5 兆瓦，上海要求可调容量不小于 1 兆瓦，山东要求可调容量不小于 10 兆瓦且连续调节时间不低于 1 小时，山西要求可调容量不小于 20 兆瓦且连续调节时间不低于 2 小时，浙江要求可调容量不小于 5 兆瓦且连续调节时间不低于 1 小时。

在业务交互方面，有虚拟电厂运营商和市场平台直接存在两种路径方式。冀北、山东、湖北的虚拟电厂接入调度中心，调度中心日前将辅助服务出清曲线直接发送至虚拟电厂运营商，日内由虚拟电厂运营商自行控制负荷来跟踪曲线，调度中心日内不直接控制。山西、上海、浙江、安徽、福建、宁夏的虚拟电厂接入营销负荷管理系统，由负荷管理系统转发申报和出清数据至虚拟电厂运营商。各省虚拟电厂主要依托自身技术系统实现对用户的优化调度，以简单聚合为主，部分聚合商具备协调优化算法。

在市场注册方面，各省存在较大差异，主要以交易和营销为主。冀北的虚拟电厂注册由调度负责，山西、山东、上海、浙江、湖北的虚拟电厂注册由交易中心负责，福建、安徽、宁夏的虚拟电厂由营销部负责。虚拟电厂资质的审核大多由营销部负责，山东由于在市场建设初期由调度机构牵头用户参与辅助服务，虚拟电厂的资质审核认证由调度机构负责。

在计量监视方面，虚拟电厂运营商大多通过自建采集系统来监视用户负荷。虚拟电厂运营商需要实时监视用户负荷曲线，并根据价格信号实时控制负荷，对于数据监测的频率和实时性要求较高（监测频率分钟级或 15 分钟级，延时半小时以内）。当前国家电网公司计量采集系统若要满足此监控要求，需要在采集数据召唤、通道传输等方面开展适应性调整。

在结算和偏差考核方面，大多只结算至虚拟电厂运营商。目前虚拟电厂均以营销用电采集系统的数据为准进行结算，保障了数据的权威性。上海、湖北、宁夏、山东、安徽虚拟电厂在参与市场时，电网企业只结算至运营商，虚拟电厂运营商与聚合用户自行商定分成方式和偏差考核比例，尚无规范的虚拟电厂分成套餐。

在盈利模式方面，虚拟电厂主要参与需求响应市场、调峰辅助服务市场。例如，上海、浙江、广东的虚拟电厂以邀约、投标等方式参与政策性需求响应，通过参与削峰填谷获得收益。冀北虚拟电厂通过参与华北调峰辅助服务市场获得收益。山东在现货规则中明确了虚拟电厂参与现货市场填谷交易、顶峰交易。目前，虚拟电厂每年参与需求响应次数有限、获利微薄，预期盈利最好的调频辅助服务在大部分省份没有开展。

2.3　试验检测能力进展

2.3.1　国外试验检测

开放式自动需求响应（Open Automated Demand Response，OpenADR）是一种开放的标准通信协议，用于自动需求响应系统的数据交换，OpenADR 联盟依托该项标准建立了自动需求响应的检测认证体系，其测试内容聚焦于用户侧系统 / 设备对自动需求响应（ADR）标准协议的兼容性与效能，测试内容涵盖合规性测试、需求响应上位节点与下位节点间互操作性测试、系统 / 设备性能评估、信息安全审计等，基于 OpenADR 的检测系统覆盖协议遵从性、响应速度与精度、事件处理适应性及监控报告等功能。通过该项测试技术极大地促进了美国大规模需求侧资源与电网的互联互通水平提升。其他国家对需求响应的检测基本也基于 OpenADR。

此外，德国、丹麦、日本等国家已经开始投入虚拟电厂接入试验项目。由德国西门子、RWE 公司合作实施的 ProVPP 项目，通过虚拟电厂控制中心控制管理各小规模分布式能源联合运行，提高电源侧电力供应保障，该项目由统一的能量调度与信息系统把风电、光电、小规模水力发电、大型水力发电、炼铝厂等共同组成一个系统，形成一个电力供应机构，西门子公司提供的分布式发电管理系统用来预测信息及报价等，不仅提升了供电可靠性，协调了各分布式能源的发电出力计划，还增加了各发电单元的效益。

丹麦实施的 EDISON 试验项目主要考虑的是虚拟电厂技术对电动汽车的有关协调管理，电动汽车与电网连接会对电力系统产生影响，通过对电动汽车的聚合识别电动汽车并网带来的问题，制定出解决处理方案，此外，该试验项目还针对信息通信技术加大研发力度，为电动汽车用户参与电力系统调度提供标准化并网平台。

由日本关西电力公司、富士电机、三社电机等公司合作实施的虚拟电厂试验项目，注重对分布式能源基础设施的安装，开发虚拟电厂能量管理系统并共同形成一个控制用户侧终端设备的综合系统，通过分布式能源的信息互联对可用容量进行分配，使得用户侧的用电需求能够得到有效供给。

通过国外相关机构实施的项目可以看出，虚拟电厂在未来发展潜力巨大，不仅能与电网进行友好互动，还能参与多类电力市场进行交易互动。然而随着各类可调资源的快速发展和利用，由于不确定性资源的存在及外部市场环境的波动，虚拟电厂不能时刻满足电网及市场的相应要求，亟需在促进虚拟电厂参与交易、促进电网稳定运行的前提下，开展虚拟电厂运行能力测试、评价技术研究与示范应用，保障虚拟电厂具备规模化、常态化、精准化的可信可调能力，提高虚拟电厂在电力市场的竞争力。

2.3.2 国内试验检测

1 国内首个需求响应系统 CNAS/CMA 检测

2020 年，国内发布了 DL/T 2116《电力需求响应信息交换服务测试规范》和 DL/T 2117《电力需求响应系统检验规范》两项检测标准，中国电力科学院研究院依托两项电力行业标准构建了需求侧资源参与电网灵活互动的检测试验系统，并在 2022 年顺利取得国家首家需求侧资源互动领域 CNAS/CMA 检测资质，检测内容涵盖注册服务、报告服务、参与服务、事件服务、询问服务等信息交互测试、资源监测与采集、资源互动调节、效果评估等功能性测试，填补了国内在需求侧资源互动领域检测技术的空白，为后续虚拟电厂检测体系与能力构建奠定了坚实的基础。

2 虚拟电厂测试与评价

国内虚拟电厂尚处于示范应用阶段，对运行能力测试与评价技术的研究也刚刚起步，国网山东省电力公司、国网山西省电力公司、国网上海市电力公司和南方电网公司开展了探索性技术研究，但是仍缺少标准化的运行能力测试及评价体系。

国网山东省电力公司完成了山东首批虚拟电厂负荷响应能力见证试验工作，该测试主要对虚拟电厂在午间负荷低谷时的调节能力进行验证，但并未开展对接入电力市场的虚拟电厂运行能力测试。

国网山西省电力公司结合虚拟电厂实地调研了山西电力现货市场规则，提出了虚拟电厂功率调节能力测试方法，研发了山西首套虚拟电厂功率调节能力测试平台。该平台可自动分析虚拟电厂的调节容量、速率精度等技术指标，智能分析虚拟电厂是否满足约定调节容量的电力市场准入要求，为服务省内虚拟电厂高质量建设与发展提供了有效的检测手段支撑。

国网上海市电力公司组织完成虚拟电厂参与电网调频的实测验证，按照虚拟电厂上传的调节空间测试下发控制指令，通过反馈的信息显示虚拟电厂可以及时无误地响应。其中申能储能虚拟电厂放电功率最高达 4950 千瓦，与电网需求一致，助力频率稳定，但其测试的宽泛性较小，未能分层精细化测试，且尚未开展对多类型电力市场下的虚拟电厂运行能力测试。

2024 年，国网市场营销部牵头开展了虚拟电厂入网检测管理及检测方法研究，初步明确了虚拟电厂检测业务的检测对象、检测流程、检测方法、结果评价等规定要求，提出了虚拟电厂调节能力检测方法、虚拟电厂运营平台检测方法、虚拟电厂采集装置检测方法，构建了较为完备的虚拟电厂检测技术体系，为国家电网公司经营区内虚拟电厂规范化入网、可靠高效互动调节提供了检测技术指引。

南方电网科学研究院通过对不同虚拟电厂进行资源组合，实现了虚拟电厂参与不同电力市场运行，发挥不同的功能，并开展了针对直控型虚拟电厂一次调频技术的现场测试，但其未考虑不同资源聚合下容量限制方面的测试，测试水平不够精细。

综上所述，虚拟电厂检测技术目前正处于快速发展状态，从国际到国内各级层面，围绕需求响应软硬件系统、虚拟电厂主体均开展了不同程度的技术探索，并取得了一些阶段性成效。现阶段，建议相关主体充分借鉴现有需求响应检测技术优点，加快建立健全虚拟电厂检测技术体系，持续深化虚拟电厂检测方法研究，推动虚拟电厂检测技术标准制定，构建具有数字化、智能化、高效化的虚拟电厂检测系统。未来，相信随着虚拟电厂业务规模化发展与实践经验积累，虚拟电厂检测技术有望进一步创新与完善，为虚拟电厂支撑新型电力系统构建与"双碳"目标落地提供强大助力。

2.4 标准化进展

标准是经济活动和社会发展的技术支撑，是国家基础性制度的重要方面。标准化在虚拟电厂发展中发挥着基础性、引领性作用，反映着技术进步和市场需求。建立不同层次的技术标准对推动虚拟电厂规范化、规模化发展至关重要。

国际上，德国采用的虚拟电厂标准为国际标准 IEC 62746-10-1:2018、IEC 62746-10-3:2018 和 IEC TS 62939-10-2:2018。IEC 62746-10-1:2018 规定了需求响应定价和分布式能源通信的最小数据模型和服务，有助于电力服务提供商、运营商和终端用户之间的信息交换。IEC 62746-10-3:2018 定义并描述了用于构建符合要求的适配器的方法和示例 XML 文件，以实现基于 IEC 通用信息模型（Common Information Model，CIM）的需求响应系统与基于智能电网用户界面（Smart Grid User Interface，SGUI）桥接标准的用户设备之间的互操作。IEC TS 62939-2:2018 提供了一种架构来定义需求侧智能设备 / 系统与电网之间信息交换的接口。美国虚拟电厂应用的标准为 OpenADR 通信规范，提供了需求响应（Demand Response，DR）标准化信息模型及开放式的标准化 DR 接口，用于支撑自动 DR 业务开展。澳大利亚主要采用 AS/NZS 4755 系列标准，标准规范了 DR 设备接口功能，定义了空调、电热水器、储能系统的 DR 模式，使需求侧用电设备快速响应、即时反馈信息。

国内虚拟电厂标准化工作近年来进展较快，中电联标准化中心组织全国智能电网用户接口标准化技术委员会（SAC/TC 549）、全国电力需求侧管理标准化技术委员会（SAC/TC 575）、全国微电网与分布式电源并网标准化技术委员会（SAC/TC 564）等开展虚拟电厂标准体系的研究。

目前中国适用的专项虚拟电厂标准共计 19 项，其中国际标准 3 项、国家标准 2 项、行业标准 3 项、团体标准 11 项；现行 10 项，已立项 9 项。

现行国际标准正在加速向国内转化。IEC TS 63189-1:2023《虚拟电厂 第 1 部分：架构与功能要求》和 IEC TS 63189-2:2023《虚拟电厂 第 2 部分：用例》于 2018 年 3 月正式立项，由 IEC 在 2023 年 10 月正式发布，国网冀北电力公司与中国电科院主导编制。IEC TS 63189-1:2023《虚拟电厂 第 1

部分：架构与功能要求》首次提出虚拟电厂的统一术语定义、技术要求和控制架构，明确虚拟电厂在发电功率预测、负荷预测、发用电计划、可调节负荷管理、储能装置控制管理、分布式电源协调优化、状态监控、通信、数据采集等方面的功能要求。IEC TS 63189-2:2023《虚拟电厂　第 2 部分：用例》提供了基本信息、业务角色、参与者、场景和流程的虚拟电厂用例，并将冀北虚拟电厂写入了国际标准用例，为世界虚拟电厂的发展和建设提供"中国方案"。IEC 63189 系列标准的发布填补了虚拟电厂领域国际标准空白，标志着中国在能源转型和绿色发展领域国际标准化方面取得又一突破，为各国开展虚拟电厂项目提供参考，对推广虚拟电厂应用起重要作用。国网浙江省电力有限公司在国际电信联盟（International Telecommunication Union，ITU）发起的国际标准提案《基于区块链的虚拟电厂运营平台参考架构》于 2023 年 7 月正式获批立项，该标准旨在开展区块链在需求响应和虚拟电厂等领域的技术研究和示范验证。

两项国家标准尚未正式发布，分别为《虚拟电厂资源配置与评估技术规范》《虚拟电厂资源接入规范》。《虚拟电厂资源配置与评估技术规范》作为虚拟电厂领域首个立项的国家标准，规定了虚拟电厂性能要求、资源分析、资源配置、项目评估技术规范。《虚拟电厂管理规范》规定了虚拟电厂接入电力系统运行应遵循的一般原则和技术管理要求，包括电网运行对虚拟电厂申请接入程序和条件、虚拟电厂运行、安全规定等。

在编行业标准 3 项，分别为《虚拟电厂可调节性能指标设计与计算方法》《虚拟电厂术语》《虚拟电厂负荷聚合平台网络安全防护技术规范》。在编团体标准 3 项，包括《虚拟电厂分布式电源聚合与互动技术要求》《虚拟电厂技术要求》《虚拟电厂硬件架构与设备终端总体要求》。现行团体标准 8 项，分别为《负荷侧虚拟电厂管控平台功能导则》（T/CES 125—2022）、《电化学储能系统接入虚拟电厂技术规范》（T/CNESA 1102—2022）、《多能互补型虚拟电厂聚合调控技术要求》（T/CES 206—2023）、《车网互动型虚拟电厂负荷聚合调控技术要求》（T/CES 207—2023）、《虚拟电厂空压机系统可调节负荷监控与接口》（T/JSREA 27—2023）、《虚拟电厂分体空调系统可调节负荷监控与接口规范》（T/JSREA 28—2023）、《虚拟电厂电锅炉系统可调节负荷监控与接口》（T/JSREA 29—2023）、《虚拟电厂冰蓄冷空调系统可调节负荷监控与接口规范》（T/JSREA 30—2023）。

综上，虚拟电厂领域需要推动建立健全更加符合实际、满足虚拟电厂发展需要的技术和管理规范体系，加快推动国际标准、行业标准等的立项和实施。

2.5　存在的问题

现阶段，在虚拟电厂建设发展过程中，暴露出了社会各方认识不统一、评价认证方法缺失、建设运营缺少标准规范等苗头性风险。随着市场政策不断演化，虚拟电厂发展在技术和业务发展层面主要面临以下问题。

（1）政策和市场机制不完备。虚拟电厂业务必须理清价值链，需要构建完整的流程来引导需求侧资源参与互动。在此过程中，运营商和用户最看重的就是可预期的盈利。目前，虚拟电厂参与各类市场交易，按现有政策收益难以达到用户预期，用户调整生产生活用能行为意愿较低，受端省份对需求响应依赖严重，市场化建设进度较为缓慢。二次调频、惯量响应、无功电压调节的参与方式和技术要求仍在探索。

（2）虚拟电厂调节能力准确性问题。虚拟电厂要作为等同于发电机组的资源参与市场和电网交互，必须经过可靠的测试，并且要有统一的执行效果评估方法，需要尽快制定发布虚拟电厂调节能力检测流程和检测标准规范，给出检验检测范例。同时，由于虚拟电厂聚合了大量多类型资源，需对多元资源有效建模，结合电网运行数据和市场数据进行执行效果评估，建模的复杂性较大，算法的准确性和有效性亟需进一步提升。

（3）虚拟电厂业务信息贯通问题。虚拟电厂自建系统接入电网系统时，在内外网穿透方面仍存在较大困难，虚拟电厂系统与电网系统信息交换缺乏统一标准，造成信息同步延迟或失真，导致虚拟电厂市场行为缺少管理和引导。同时，电网内部系统实现支撑虚拟电厂业务流转的信息贯通功能仍在规划建设中，导致虚拟电厂无法及时获得各类市场信息。

（4）现有虚拟电厂标准建设滞后。目前国内相关标委会研究制定的虚拟电厂标准体系中，标准研制进度与虚拟电厂发展速度不匹配，导致虚拟电厂建设运营无据可依。同时，虚拟电厂建设过程中，业主和承建方更加注重短期利益，不重视标准的应用，在系统可扩展性、互联互通性上埋下了较多隐患。因此，加强标准体系建设、标准宣贯、标准实施监督势在必行。

Chapter **3**

虚拟电厂关键技术

3.1 虚拟电厂技术体系架构

虚拟电厂作为灵活性资源集成聚合的主要形式，通过云管边端架构，依托虚拟电厂数字物理平台实现对海量灵活性资源的感知监测、信息通信、实时控制、智能决策和网络安全支撑，推动终端可调节资源的实时监测、聚合调控、可信调用，从能量、空间、时间三个维度实现需求侧资源集群参与电网削峰填谷、新能源消纳、电网辅助服务等多目标场景应用。

图 3-1 为虚拟电厂的技术体系架构，虚拟电厂各层级的基本功能和信息交互如下：

（1）资源层（端）：作为参与虚拟电厂的聚合调控海量分布式可调节资源，通过先进可靠的控制技术，克服传统控制方法存在的调控复杂、时滞影响、运行低效等问题。通过网络一致性控制、时滞鲁棒控制、模型预测控制等先进控制方法，实现对海量虚拟电厂聚合资源的可靠、高效、实时运行控制。

（2）感知层（边）：通过智能电能表、实时感知 App 等智能终端软硬件，采用双向计量、自动抄表、异常数据监测、免接触申报等技术实现灵活性资源运行特性参数、出力数据及负荷需求等实时信息的采集、感知与传输，构建各自的调控模型，同时执行边缘服务器下达的调度指令。

（3）交互层（边）：先进通信技术作为虚拟电厂数据交互的通道，实现海量需求侧可调节资源数据的可靠稳定传输。通过发展高带宽高速率有线 /无线通信技术、高可靠通信协议、标准化数据清洗拟合技术，实现虚拟电厂海量数据准确、实时、低时延通信。

（4）决策层（管）：人工智能作为互联网大数据背景下发展出的先进决策技术，通过深度学习、强化学习、基于 Transformer 算法的大语言模型等先进算法，实现用户侧用能信息、可再生能源发电信息、电力交易中心现货市场实时交易电价的精准分析预测，实现多类型、不确定、强非线性约束条件下，虚拟电厂实时调控和交易过程的高效智能决策。

（5）安全层（云）：虚拟电厂网络安全技术作为虚拟电厂全平台安全防护屏障，通过网络流量预测、网络承载能力指标体系构建、终端软硬件指纹生成技术和加密算法指令集优化设计等网络安全技术，实现不同业务场景下的差异化数据安全需求和使用需求平衡，做到保护用户隐私的同时，保障虚拟电厂业务数据可用性。

（6）平台层（云）：作为虚拟电厂的数字物理中心，利用数字孪生、区块链等技术执行数据清洗、分类、建模、存储等操作，生成云端动态虚拟电厂聚合模型，分析预测出虚拟电厂的可用容量、爬坡速率等外特性。将处理后的集群模型上传电力系统，并在收到调度指令后分解指令，进行优化决策，实现与电网运营商、电力交易平台等机构的决策互动。

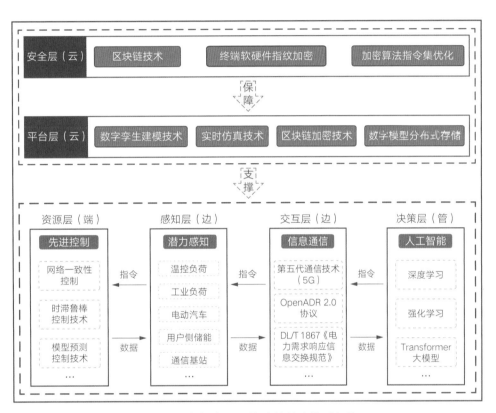

图 3-1　虚拟电厂云管边端技术体系架构

云管边端架构下虚拟电厂业务系统均可利用边缘服务器在靠近灵活资源信息来源的网络边缘执行数据处理，聚合分散资源，再通过网络管道发送给云管控平台，继而借助云计算对资源集群进行调度、与电网调度中心及交易中心进行交互，并将优化指令下达给边缘服务器。为了实现灵活性资源的高效有序并网和协调控制，减少其无序发展对电网带来的负面影响，如配网阻塞、电压不稳定等，边缘集群服务器依照一定标准（地域分布、聚类算法、网架结构等）聚合大量灵活性资源，发挥规模效应，并将聚合模型通过考虑通信安全的网络管道传递给云端管控平台，从而将虚拟电厂等效为传统电厂为电网提供辅助服务，与电网营销系统、调度系统、电力交易平台等进行有效交互。

3.2 潜力感知：实现准确的电力用户可调节潜力分析

3.2.1 潜力感知技术实现路径

潜力感知包含对需求侧资源的实时数据采集与计量，更重要的是通过需求侧资源实时运行数据与历史运行数据，分析与挖掘需求侧资源运行过程中的行为特征与敏感特征 [12]-[13]，从而确定需求侧资源真实的调节潜力，为虚拟电厂提供可信的调节能力。在实际虚拟电厂操作运行中，用户可调节潜力的大小与不同领域负荷的可调节能力和响应度密切相关 [14]，分行业分析是潜力感知的主要实现路径。

（1）工业领域。目前，工业负荷是参与需求侧资源聚合中最重要的一部分。工业负荷中，非连续性生产负荷可以通过更改生产计划等措施进行负荷削减或转移，可调节能力大、响应度较高；连续性生产负荷由于对供电可靠性要求高，负荷曲线波动不大，响应度较低，可调节能力较小。非生产性负荷虽然可调节能力较生产性负荷小，但可调节时段灵活且对供电可靠性要求不高，具有一定的可调节能力。因此，工业用户参与虚拟电厂的负荷主要是非生产性负荷（主要为采暖和降温负荷）和非连续性生产负荷。

（2）建筑领域。建筑领域根据用户的特征可分为公共建筑、商业建筑和居民建筑，主要用电设备包括空调、照明、电梯等。其中，包括供热通风与空气调节系统的采暖和降温负荷可在不影响用户舒适度的情况下，通过适当调节设定温度和轮控的方式来降低峰荷，具有较大的可调节能力。虽然单个用户采暖和降温负荷的可调节能力小于工业负荷，但由于负荷数量多且具有热惯性，已逐渐成为虚拟电厂中最广泛聚合的调控资源之一。

（3）交通领域。近年来，电动汽车充电负荷不断上涨，对电网的影响也会持续攀升，需要考虑对电动汽车的充电行为进行管控，以实现对电网削峰填谷。根据电动汽车充电地点和充电需求紧急程度的不同，一般可将其分为目的地充电需求和紧急型充电需求。其中，前者一般发生在电动汽车驾驶的目的地（如居民小区、工作单位、商场等地的停车场所），充电方式灵活，具有较大的可调节能力；后者需要在较短时间内满足其充电需求，通常采用直流快充方式，灵活性较低，可调节能力较小。考虑到电动汽车与电网的互动主要发生在电动汽车目的地充电过程中，且目的地充电的电动汽车中又以私家车为主（电动私家车在全部电动汽车中的占比大，可达到 80% 以上），此处考虑电动私家车目的地充电的削峰和填谷调节潜力。

（4）储能系统。储能系统兼具供蓄和快速功率调节能力，相较于电力系统传统的调度控制、需求侧管理等其他可控资源，能够在不影响各种分布式电源发电和负荷用电的情况下实现平抑波动、削峰填谷、延缓电网升级改造等目的。储能系统突破了传统响应资源自身的局限（如可调节负荷占比低和不确定性高），可调节能力大，随着相关技术进步和成本下降会更加适合参与虚拟电厂聚合和调控。

（5）新型负荷。作为新时代新质生产力的发展引擎，存储、通信与计算将为需求侧带来前所未有的机遇与挑战。据统计，数据中心、通信（5G）基站、计算中心等新型负荷在 2025 年的用电量将达到社会总用电量的 2%或以上。通信基站和数据中心的响应度较高，均可通过调节能耗来实现用电优化和峰谷差的降低。在评估数据中心的可调节潜力时，需要量化其在参与虚拟电厂聚合时可能出现无法满足其功能性要求的风险。相比之下，通信基站的可调节潜力评估更直接，风险较小。虽然单个通信基站的可调节能力较小（为 1.5~1.6 千瓦），但随着通信网络的快速发展，通信基站的数量将会变得很庞大，总体的可调节潜力不容小觑。计算中心方面，目前最先进的人工智能计算芯片的单片功耗已达到 1 千瓦，当组成计算集群时，其功耗水平和能耗密度将可能远远超越传统负荷。计算中心负荷与算力直接相关，算法与计算模式的优化可能为计算中心带来巨大的调节能力。

3.2.2 典型负荷的可调节潜力测算方法

结合上述分析，本节将选取典型需求侧资源介绍其可调节潜力的计算方法。

（1）温控类负荷。采暖和降温负荷是造成中国尖峰负荷不断增长的主要原因之一，可调节潜力大。将春、冬季节视为采暖季，将夏、秋季节视为降温季，并基于不同季节的日负荷曲线，计算得到最大的采暖和降温负荷总量。

考虑到采暖和降温季不同日负荷曲线对应时刻的负荷差异，上述方法计算所得的最大采暖负荷和降温负荷出现的概率通常较小，若将其作为相应负荷的可调节能力，通常会导致可调节潜力评估过大。因此，为获得大多数情况下较为合理的最大采暖和降温负荷，基于区域用户日负荷曲线分别计算采暖和降温季各时刻负荷的均方差，可更有效地衡量和辨识相应负荷的波动情况及大概率会出现的平均可调节程度（即平均的采暖和降温负荷分别与最大的采暖和降温负荷之比），并采用可调节系数来量化平均可调节程度。

（2）工业负荷。削峰调节能力方面，工业负荷削峰可调节能力可基于工业负荷曲线的最大值和平均值之差估算得到。若只有工业负荷的用电量数据而无负荷数据，可基于用电量和相应的最大负荷利用小时数估算出最大负荷，然后计算出工业负荷可调节能力。

填谷调节能力方面，基于负荷基线的潜力测算思路，与削峰调节能力计算类似。若没有工业实际运行负荷数据，可近似考虑填谷和削峰可调节能力相同。

（3）电动汽车充电负荷。通过可获得基础数据（如电动汽车销售量占比和电动汽车渗透率指标等）的趋势分析，预测不同类型电动汽车数量及不同充电设施上不同类型电动汽车数量；然后，基于现有研究成果得到等效的单辆电动私家车日充电负荷曲线；最后，将不同功能区的单辆私家车日充电曲线乘以对应电动汽车数量后累加，得到区域充电负荷曲线。

电动汽车充电负荷可通过参与价格激励型需求响应聚合参与对电网的调节，但具有较高的不确定性。因此，可基于实际情况的调研、预测或展望来近似测算电动汽车的响应度，如削峰的响应程度可考虑在 20%~60% 的范围内 [14]。

（4）用户侧储能。储能系统可通过不同充放电策略实现近似相同的削峰效果，即储能系统出力具有相对的确定性。因此，储能可近似以其最大容量响应电网的削峰填谷需求。区域用户参与需求侧调节的储能总容量可表示为对应储能造价下的配储用户数量占比、峰谷差配储比例和区域用户的平均峰谷差率与区域最大负荷的乘积。

目前，配电网中的储能一般为电化学储能，其响应速度快，相比其他需求侧资源响应度更高且较为稳定。可基于电化学储能的应用场景、放电深度和放电效率近似测算其响应度，如可按 70%~90% 的范围进行取值 [14]。

（5）新型负荷。基于单个新型负荷组件的调节功耗和新型负荷组件的建设数量可估算其可调节能力。新型负荷的所有权较为集中，使得新型负荷参与虚拟电厂聚合时的调节速率更加快速和统一。因此，新型负荷聚合虚拟电厂响应度明显高于常规电力用户，如可按 60%~80% 考虑其响应程度[14]。

以上为各类型负荷资源参与虚拟电厂聚合时通用的负荷聚合与分析方法，在实际针对具体需求侧资源时，应针对其实际的运行特性和调节行为进行建模，将以上通用分析模型中的静态参数转化为动态参数，以获得虚拟电厂精细化的可调节能力测算方法。

3.3　信息通信：实现虚拟电厂海量资源互联互通

3.3.1　虚拟电厂信息通信技术内涵

通信系统是虚拟电厂的关键要素之一，先进和完善的信息通信技术（Information and Communication Technology，ICT）和标准化的通信协议为虚拟电厂实现分布式可调节资源的监控、数据的快速汇聚和传输、海量智能终端的互联和数据管理、虚拟电厂高水平互动和实时数据交换提供技术支撑[15]。海量分布式资源的聚合，实际上是信息的高效整合。随着信息采集节点和数据量规模化拓展，有限的物理通信基础设施难以应对低时延、高可靠、高频次、高并发的信息采集、传输和利用带来的技术挑战[16]。

此外，规模化灵活资源虚拟电厂将会形成一个庞大的异构通信网络，高频次异构数据的信息抽象化要求虚拟电厂具备异构网络的高效自组织能力。实现有效信息的高效提取和整合利用，对虚拟电厂应对接入资源对象开放性和未知性的挑战具有关键意义。

虚拟电厂的运营收益具有重要影响，面向不同业务需求的不同数据的价值分布也不尽相同，虚拟电厂需要海量终端形成多址接入方式下的智能优化决策能力，对资源通信网络环境进行自感知和自适应，以提高异构网络下的通信承载能力。

图 3-2 为虚拟电厂通信网络架构示意图，虚拟电厂内部的通信系统具有分层体系结构，即感知（终端）层、接入层、骨干层和平台层，并提供安全

可靠的通信协议。感知（终端）层主要由虚拟电厂数据采集终端和分布式可调节资源控制终端等组成，包括电动汽车、分布式光伏、储能设施、楼宇负荷等分布式可调节资源。接入层的主要的通信设备包括接入终端、汇聚路由器、网关等，负责对管辖区域内分布式可调节资源的数据进行汇聚、清洗和上传，接入层向下采用多种通信规约与分布式可调节资源建立通信连接并适配各类型的感知设备，向上则可采用多种通信方式，包括光纤、230M 无线专网、4G 或 5G 等将业务数据信息上传和转发，因此需要在接入层完成对异构终端的统一接入。骨干层即虚拟电厂通信系统的通信骨干网络，主要采用光纤通信，承载多个平台和系统的互联互通，实现分布式可调节资源的各种状态数据量和控制操作信息的实时交互。平台层基于人工智能、大数据等技术通过软件平台对分散的分布式可调节资源进行负荷预测和动态聚合管理，利用云边协同实现资源的高效利用和多个分布式可调节资源系统之间的协调调度，以及引导分布式可调节资源参与电力市场报价和交易。虚拟电厂通信系统协议可在现有的协议基础上进行扩展，DL/T 1867、OpenADR2.0、IEC 62325、IEC 61970 和 IEC 62746 等现有的高可靠性、可扩展性通信协议均适用于虚拟电厂通信系统。

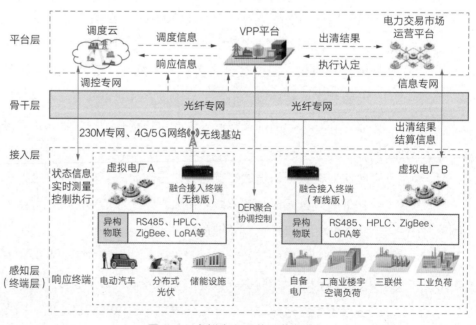

图 3-2　虚拟电厂通信网络架构

3.3.2 虚拟电厂信息交换模型框架

参考 DL/T 1867《电力需求响应信息交换规范》，虚拟电厂信息模型为虚拟电厂信息交换过程中进行实际交换的主体，可分为域包、注册包、事件包、报告包、参与包、询问包，6 个包之间的关联关系如图 3-3 所示。其中，6 个包中共有的通用函数为通用请求和通用响应。

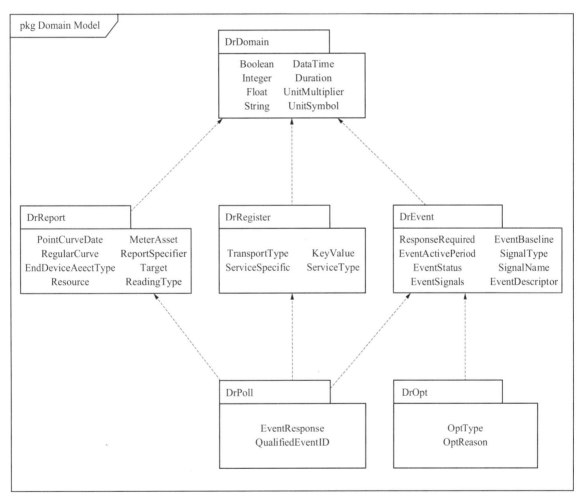

图 3-3　包之间的关联关系

（1）域包。域包定义了被其他包中的类使用的基本数据类型，包括布尔型、整型、浮点型、字符串、日期类、持续时间基本型、乘数倍数类枚举型、单位符号类枚举型。域包的类图展示了该包中所有的类及它们之间的关系，如图 3-4 所示。

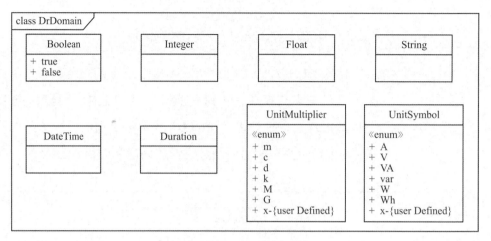

图 3-4　域包类图

（2）注册包。注册包定义了与传输和服务相关的数据类型与内部变量，包括传输协议枚举型、服务规范变量、服务类型枚举型和扩展键值对。此外，注册包中包含查询注册、创建注册、取消注册三对服务，每对服务均包含请求和响应两个函数。注册包类图如图 3-5 所示。

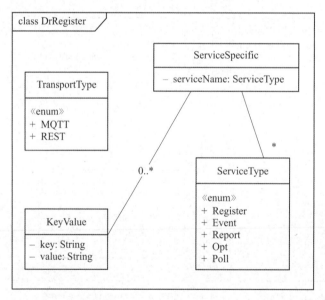

图 3-5　注册包类图

（3）事件包。事件包为信息模型中的主要部分之一。包括需求响应事件变量、要求响应枚举型、事件描述变量、事件状态枚举型、事件有效时段变量、事件信息变量、事件基线变量、事件信号变量、信号名称枚举型、信号类型枚举型。此外，事件包中包含查询事件请求和查询事件响应一对服务。事件包类图如 3-6 所示。

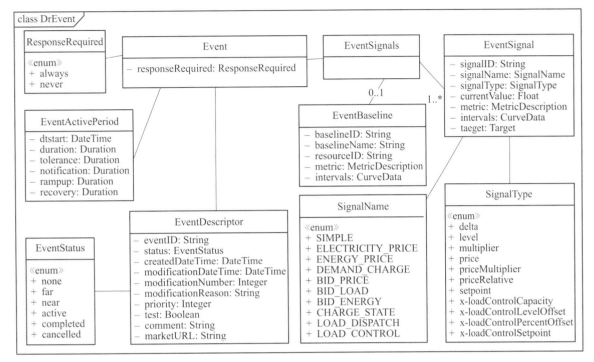

图 3-6　事件包类图

（4）报告包。报告包是信息模型中另一主要的数据类，其中包括元数据报告变量、报告描述变量、度量单位描述变量、量测点枚举型、读取类型枚举型、作用目标变量、终端设备资产变量、终端设备资产类枚举型、表计资产变量、采样周期变量、报告请求变量、报告样式变量、报告类型枚举型、待发报告变量、资源变量、测点数据变量、曲线数据变量、测点曲线数据变量、规则曲线变量、不规则曲线变量、采样数据变量、数据质量类枚举型。此外，报告包还包括注册报告、创建报告、取消报告、资源报告、实时报告、曲线报告六对服务，每对服务包含请求和响应两个函数。报告包类图如图 3-7 所示。

（5）参与包。参与包包含是否参与及参与原因信息，其中包括参与类枚举型和参与原因类枚举型。此外，参与包还包含创建参与、取消参与两对服务，每对服务中包含请求和响应两个函数。参与包类图如图 3-8 所示。

（6）询问包。询问包包括事件响应变量和有效事件编号变量。此外，上位节点对下位节点的询问包还包含重新注册、取消注册、发布事件、创建报告、取消报告、询问响应六对服务，下位节点对上位节点的询问包包含定期发送询问服务，每对服务中包含请求和响应两个函数。询问包类图如图 3-9 所示。

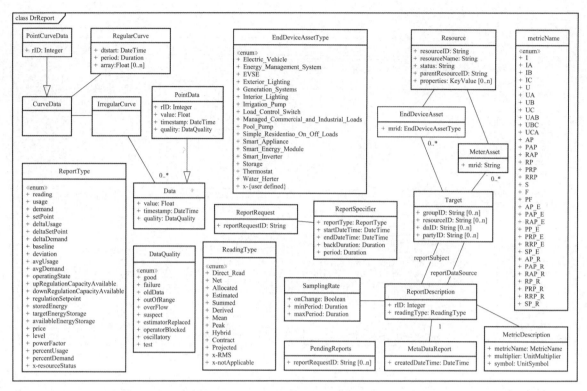

图 3-7　报告包类图

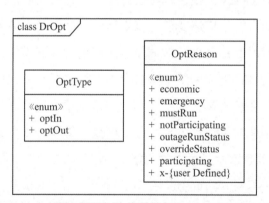

图 3-8　参与包类图

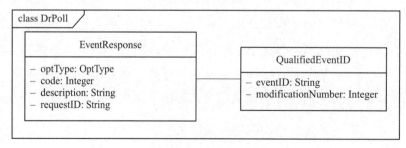

图 3-9　参与包类图

最后，信息交换方式还包含表述性状态传递和消息队列遥测传输两类方式。其中，表述性状态传递（Representational State Transfer，REST）作为常用的基于 HTTP1.1 的远程调用方式，具有明显的简洁优势，对于计算能力有限的硬件计算资源上的软件系统，采用 REST 可以减少软件系统对硬件计算资源的依赖。消息队列遥测传输（Message Queuing Telemetry Transport，MQTT）属于即时通信协议，是为大量计算能力有限，且工作在低带宽、不可靠网络的远程传感器和控制设备通信而设计的协议。虚拟电厂聚合商、聚合用户可以根据所辖系统或终端的信息交换能力订阅其中的部分或全部消息，也可以向消息队列发送消息。

3.4　先进控制：实现虚拟电厂实时可靠的资源调控

3.4.1　虚拟电厂典型先进控制技术

基于云—边协同架构、深度融合边缘计算、人工智能技术及优化调控理论，构建海量数据下云端全局优化、云—边协同互动、边端快速响应的虚拟电厂分布式协同互动调度与运行控制技术体系，实现海量分散资源的灵活快速响应支撑，是虚拟电厂先进控制方面亟待解决的关键问题。其中包含多源异构数据有效融合[17]，考虑多类型虚拟电厂控制，链路耦合影响下信息物理系统时滞稳定性边界求解，确定信息差异化引导下云—边协同控制等亟待解决的关键问题。此外，在规模化分布式资源云—边协同优化调控技术快速发展的背景下，大量接入的分布式资源带来的随机性和波动性提高了电网复杂性和管控难度，同时差异化通信条件也增加了运行环境的复杂性，因而对调动大规模灵活资源实现协同快速支撑提出了更高的要求[18]。其中，具有代表性的先进控制技术包括多智能体一致性算法和模型预测控制技术。

（1）多智能体分布式一致性算法。多智能体系统（Multi-Agent System，MAS）是由一群具备一定感知、通信、计算和执行能力的智能体通过通信等方式关联成的一个复杂网络系统，可作为虚拟电厂控制中心开展分布式资源调控的控制方法。多智能体系统的信息交互、计算等过程主要由分布式算法决定，本节简要介绍多智能体分布式一致性算法的基本理论。

1）图及图的定义。下面将图论的理论以数学表达式形式进行描述，本书仅考虑无向图。定义 G 为含有若干节点与边构成的图。定义 N 为图内所有节点构成的集合，即 $N=\{n_1,n_2,\cdots,n_m\}$。定义 E 为图内所有边构成的图，即 $E=\{e_1,e_2,\cdots,e_k\}$，其中 $e_p=\overline{n_in_j}$，i、j、p 均为编号，m、k 分别为图中点和边的总数，$G=\{N, E\}$。定义图内与节点 n_i 通过边相连的节点构成的集合为 N_i，记 $|N_i|$ 为集合 N_i 中元素的数目。图的临接矩阵记为 L，其定义为若节点 n_i 与 n_j 之间存在边相连，则对应的第 i 行 j 列个元素为 1，否则元素为 0。图的度矩阵记为 M，其定义为图内所有节点 n_i 的相邻节点数目 $|N_i|$ 构成的对角化矩阵。图的拉普拉斯矩阵记为 H，H 定义为 $H=M–L$。针对以上图与图的拉普拉斯矩阵的定义，可以得出拉普拉斯矩阵 H 满足以下性质：① H 为对称矩阵；② N 维全 1 向量 $\mathbf{1}_N$ 为 H 的特征向量；③ H 为仅有一个特征值为 0 的半正定矩阵。

凭借图的拉普拉斯矩阵的上述性质，形成了用于实现图控制的一致性算法。

2）一致性算法。对于有 n 个智能体的分布式多智能体控制系统，由于采用分布式的控制律，每个智能体状态的变化取决于它自身的当前状态和与它相邻智能体当前的状态，算法的紧凑表示为：

$$\begin{cases} \dfrac{\mathrm{d}}{\mathrm{d}t}x = u \\ u = -Hx \end{cases} \qquad （3\text{-}1）$$

式中： x——状态变量，表示多智能体网络中不同智能体的状态；

u——控制输入；

H——上文所述的图拉普拉斯矩阵。

可以看到，一致性算法与通信图的拓扑结构直接相关。在这样的控制算法下，智能体通过自身当前状态及与相邻智能体交换的信息，计算得到网络通信模型的控制输入。当两个智能体之间有邻居关系且它们之间有状态差时，在一定条件下，该控制律最终可以使其状态差减小直至各智能体状态一致。更进一步，可以证明采用一致性算法下，各节点的状态变量最终会收敛至节点初始状态变量的平均值。

除此以外，为实现一致性跟踪控制，衍生出了基于"领导者—跟随者"模型的一致性算法，在基本一致性算法基础上，添加了网络控制参考值与领导者标记，使得多智能体的状态变量可以最终收敛至参考值处。此外，通过设置一致性算法增益，可以实现对一致性算法的调节时间进行调整。

（2）模型预测控制。模型预测控制（Model Predictive Control, MPC）也称为滚动时域优化控制，是一种基于预测模型的有限时间闭环最优控制算法。在 20 世纪 80 年代，模型预测控制成功地应用于复杂的工业控制过程，作为一种新型的控制算法。该算法在实际工业生产过程中得到不断的发展和完善，已日渐成熟起来。模型预测控制由多步预测，滚动优化和反馈校正三部分组成，具有较好的控制性能。同时由于模型预测控制对采用模型的精度要求不高、鲁棒性强、控制效果好等特点，使得模型预测控制更广泛地应用于不确定性强、模型很难建立的非线性系统优化控制过程中。

目前提出的 MPC 算法根据所采用的模型是否包含参数，分别分为：使用参数模型和广义预测极点配置控制（General Predictive Pole Control, GPPC）的广义预测控制（General Predictive Control, GPC），以及使用非参数模型的模型算法控制（Model Algorithm Control, MAC）和动态矩阵控制（Dynamic Matrix Control, DMC）。模型预测控制具有以下的内在特征及优势：

1）模型预测控制能够在控制过程中考虑系统的输入、输出变量及约束条件，并将其显示的表现出来；

2）将控制算法嵌入到控制过程中；

3）基于预测模型实现有限时域的最优控制，将控制问题成功地转化为优化问题，并考虑被控对象的行为特征；

4）具有反馈校正的优点，可以在线对优化结果进行反馈修正，以补偿预测模型与实际控制过程之间的偏差；

5）在建立预测模型时，不需要深入了解控制过程的内部工作机理并建立精确的模型，只要是具有预测功能的模型都可以作为预测模型使用，更多地关注预测模型在实际控制过程中的作用。

电力工业中，发电调度控制过程是典型的多变量、强耦合非线性系统，而含有大规模分布式电源的虚拟发电厂更是个高维复杂的非线性系统，虚拟电厂的聚合用户、调节动态及所在环境都具有很大的不确定性，建立精确的数学模型非常困难，同时虚拟电厂有功优化响应需要满足系统运行的安全、经济约束条件。目前，MPC 在电力系统中的应用主要包括应用于虚拟电厂自动功率响应的预测控制方法、虚拟电厂的电压调节控制方法等。

3.4.2　虚拟电厂先进控制关键技术研究

考虑系统扰动不确定性下的虚拟电厂资源调控技术。研究分布式自适应决策系统对信息系统依赖敏感度，推导信息、物理链路耦合扰动特性，研究虚拟电厂规模化灵活调控资源时滞稳定性，并形成计及云—边分布式协同调控框架及流程，提出差异化通信下规模化灵活互动资源参与虚拟电厂分布式协同调控依据。

虚拟电厂可调节资源优化运行控制技术。构建云—边协同的调峰需求指令分解模型，结合调频需求及市场出清情况，基于边缘计算技术制定云—边协同的二次调频优化策略，结合人工智能技术及博弈理论，构建云侧多主体间基于多智能体技术的博弈模型，制定动态决策的云侧互动运行策略，促进调峰调频需求下云侧主体间的协作互动与功率支持。

虚拟电厂可调节资源分布式运行控制技术研究。研究基于数据驱动的边端自适应频率控制策略，采用基于强化学习技术的频率策略离线优化及在线控制方法，研究边侧区域间协同分布式控制架构，以分布式控制的形式实现实时数据就地分析及联络线功率扰动就近快速处理。

虚拟电厂分层协同调控技术框架。基于虚拟电厂云—边协同互动灵活调度策略及自适应分布式控制技术，构建包含资源层、节点层、聚合层、平台层的虚拟电厂分层调控架构体系，提升规模化灵活资源协同管控能力。

3.5　人工智能：实现虚拟电厂高效准确调节决策

3.5.1　人工智能参与虚拟电厂运行决策内涵

人工智能技术在虚拟电厂中的应用主要为负荷及可再生能源等构成主体和电价的精准预测，以及基于自学习的最优虚拟电厂调度控制方案的制定。终端采集设备获取的终端信息形成了海量数据集，为人工智能技术的应用奠定了基础。通过人工智能技术处理海量异源异构数据，有助于实现配电网智能化，为虚拟电厂参与电力系统与电力市场提供决策支撑。

虚拟电厂应用中，最具代表性的人工智能技术是深度学习技术（Deep

Learning，DL）与强化学习技术（Reinforcement Learning，RL）。

深度学习模型具有大量隐藏层，通过利用多层网络结构，对低层特征进行特征提取，形成易于区分、较为抽象的高层表示，可获得更为直观的层次化特征表达。经典的深度神经网络包括：卷积神经网络（Convolutional Neural Network，CNN）、深度置信网络（Deep Belief Network，DBN）、递归神经网络（Recurrent Neural Network，RNN）[19]。

深度学习的理论动机包含两点：①受仿生学、神经学等学科启发。神经学研究发现，人类语言的产出和感知系统都具有清晰的层结构，这使得信息可以从波形层转换到语言层。同时，人类的视觉系统也有分层的特点，感知系统这种明确的层次结构极大地降低了视觉系统处理的数据量并保留了有用的结构信息。深度学习模型通过模拟人类大脑的神经连接结构，在处理图像、声音和文本信息时，利用多阶段变换对数据特征进行分层描述，以组合低层特征形成更加抽象的高层表示。②在网络结构计算复杂度方面，当采用给定深度的网络结构仅能紧凑地表达某一非线性函数时，若实际采用的网络深度小于给定深度，则计算复杂度将呈指数增长。此外，为保证模型泛化能力，当网络层数减少时，需通过增加训练样本来调整网络参数，以确保函数拟合效果；一旦训练样本有限，则模型的泛化能力将下降。

深度学习采用与神经网络相似的分层结构，但在训练机制上与神经网络有显著差别，其模型包含生成模型、判别模型及混合模型。深度学习通过多层结构逐层向上抽象学习特征，该过程无需人工参与，通过特定的数学表达，可将特征转化为有价值的信息，指导机器完成学习工作。对于一个 n 层 $\{S_1, S_2, \cdots, S_n\}$ 的深层神经网络，设其输入为 I，输出为 O。设信息的传输过程无任何损失，则输入 I 与输出 O 相等。S 中任一隐层 I_n 均包含 I 的全部信息，因此 I_n 可视为 I 的层次信息。I_n 从多角度、多方面诠释了 S（即表征了某一属性对象的多重关键特征量）。然而，数据在分层表达过程中会有一定的损失，输入 I 与输出 O 不严格相等。在训练中通过调整 S 的参数，使输入输出的误差尽可能小。由于深度学习采用面向底层数据的机制，其最大程度保证了信息的完整性。深度学习建立了输入 I 与输出 O 之间的映射关系，为特征复杂又难以人工提取的底层数据提供了一种有效表达特征的手段。对于具有动态特征的系统行为，可通过这种无监督的训练提取数据中有利于反映系统行为的内在特征，而后又通过有监督的训练完善特征的表达。图 3-10 为深度学习的基本结构图。

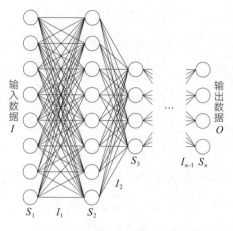

图 3-10　深度学习基本结构图

　　随着人工智能技术的不断发展，强化学习也涌现出众多研究成果，并逐渐应用于制定虚拟电厂的优化及控制策略。强化学习可以处理量测装置提供的大规模数据，实现实时决策控制，有广阔的发展前景。典型算法包括 Q 学习、梯度加强算法、自适应动态规划、时序差分学习（Temporal-Difference Learning，TD Learning）和 SARSA 算法等。强化学习的核心是学习系统与环境的反复交互作用 [20]，如果智能体的某个行为导致环境给予积极的奖赏，则智能体后续产生这个行为策略的趋势便会得到加强。这种智能体与环境的交互过程可由图 3-11 闭环表示。强化学习的目标是在每个离散状态发现最优策略，以使期望的环境反馈奖赏和最大。因此，强化学习可以仅从所在环境中，通过判断自身经历所产生的反馈信息来学会自我改进，具有比其他机器学习方法更强大的在线自学习能力，且对研究对象的物理模型不敏感。

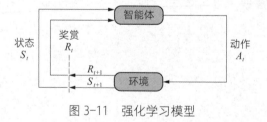

图 3-11　强化学习模型

3.5.2　人工智能在虚拟电厂运行决策中的应用

　　短期负荷预测是深度学习技术在虚拟电厂中的重要应用。虚拟电厂中聚合用户负荷预测的相关研究开展较早，也是人工智能技术在电力系统和虚拟电厂中最早应用的领域之一。基于深度学习的短期负荷预测的算法主要包括以卷积神经网络（CNN）、循环神经网络（RNN）、长短期记忆网络（Long Short-Term Memory，LSTM）、生成对抗网络（Generative Adversarial Networks，GAN）、Transformer 模型为代表的深度学习模型 [21]。基于深度 LSTM 网络的方法可以预测超短期负荷 [22]，采用 t 分布—随机邻近嵌入（t—Distributed Stochastic Neighbor Embedding，t-SNE）算法可以实现对深度网络学习得到的特征进行可视化表征，并可证明深度网络算法可以拟合负荷数据中存在的周期性规律。针对集群负荷预测 [23]，集成学习方法可通过将各个模型权重的制定转化为优化问题的求解，实现较为准确的预测。针对可再生能源预测，香港科技大学的研究者采用生成对抗网络对风电、光伏出力进行模拟 [24]；在此基础上，基于 Wasserstein 改进的生成对抗网络（Wasserstein Generative Adversarial Network，WGAN）的风电随机场景生成方法 [25]，实现对风电的预测误差分类、随机场景模拟及场景削减等步骤。结果表明，相关方法可以较好地应对风电的随机性和不确定性。此外，融合深度学习的虚拟电厂聚合用户调节行为画像生成技术、异常数据检测注入技术、数据信息挖掘技术等目前都已成为深度学习与虚拟电厂交叉领域的热点研究。

强化学习可引入虚拟电厂优化调度，有利于分析虚拟电厂内部构成主体及市场竞争对手等的决策行为，制定更为合理的虚拟电厂调度控制方案。目前辅助服务市场已成为中国电力市场改革的重要环节，虚拟电厂有望成为重要的辅助服务提供商。国网冀北电力公司基于虚拟电厂参与峰值调节辅助服务响应的操作控制需求，构建了基于强化学习的基本框架和虚拟电厂调峰辅助服务优化调度方法，满足不同场景下虚拟电厂的运营调控需求 [26]。除此以外，融合了强化学习的虚拟电厂用户调节能力预测、虚拟电厂市场参与和报价博弈等方面，也均有相关研究。

表 3-1 给出了深度学习技术与强化学习技术在特点、算法等方面的对比。

表 3-1 深度学习与强化学习技术对比

对比项	深度学习	强化学习
特点	属于监督学习，具有大量隐藏层，需要海量数据参与训练	属于无监督学习，训练过程对算力与存储要求较大，往往不需要数据集
典型算法	深度置信网络、长短期记忆学习	时序差分学习、梯度加强算法、自适应动态规划

续表

对比项	深度学习	强化学习
针对问题	数据特征提取、图像与模式识别、时间序列预测	动态规划、动态决策、目标实时自适应控制
虚拟电厂应用	虚拟电厂可调节能力预测、负荷与可再生能源出力多时间尺度预测	虚拟电厂实时在线调控、虚拟电厂参与各类市场交易策略生成
技术需求	海量数据、标准化数据集、高性能算力	高性能算力、高性能存储

3.6 数字孪生：支撑虚拟电厂数字物理仿真推演

3.6.1 数字孪生的概念

狭义上理解，数字孪生是实时仿真延展概念，其发展的背景是计算机辅助分析（Computer Assisted Analysis, CAA）技术的广泛发展。传统仿真技术中，由于模型受高阶常微分方程、非线性微分方程、偏微分方程求解的复杂性和仿真步长约束，以及求解器技术、计算机硬件算力性能的限制，导致求解模型方程所花费的实际计算求解时间大于模型仿真时间。Intel 公司、Nvidia 公司、AMD 公司等在硬件计算性能上日趋白热化的竞争，MathWorks、IBM、ANSYS、COMSOL、Simens、Opal-RT 等公司开发的专用或通用求解器性能的快速发展，模型方程的求解时间逐步下降，最终引发模型方程求解时间量变向质变的发展。在实时仿真技术（Real-Time Simulation）中，由于模型求解时间领先于仿真时间，使得仿真系统可以同步于物理系统运行，甚至超越物理系统运行。在此条件下，实际物理系统在数字仿真平台的镜像可以同步求解，甚至预测未来物理系统中可能存在的状态，数字孪生概念便应运而生。

数字孪生是以模型和数据为主要元素构建的系统工程，因此十分适合采用大数据、人工智能等进行复杂任务的处理，是推动企业数字化转型、促进数字经济发展的重要手段。根据数字孪生体系的不同层级划分，其涉及的关键技术包括数字化模型构建、数据互动、仿真分析、决策支撑等。例如，孪生空间集成物理感知、模型生成、仿真分析等过程生成的多源、异构全要素海量数据，利用大数据分析方法能够充分挖掘有效信息，有效支撑系统决策。此外，数字孪生的规模弹性大，从单元级到复杂系统级，计算与存储需求迅速增加，云计算可利用其按需使用和分布式共享模式的优势动态地满足数字孪生计算与存储需求。再次，基于人工智能算法，在无需数据专家参与情况下对孪生数据进行深度知识挖掘，提供定制化精准服务，提升数据的附加值。另外，区块链技术可确保孪生数据不可篡改、可跟踪、可追溯等。

数字孪生虚拟电厂构建要同步规划虚拟电厂物理实体与数字孪生虚拟空间，从建模阶段开始构建数据中台，形成静态属性数据库；同时，在运行过程中不断向虚拟空间导入仿真、知识、应用等相关模型与管理数据，不断完善数据中台数据库；并在运营阶段依托智能分析平台实现对虚拟电厂的决策支撑和优化管理。对已建成并投入使用的分布式电源，通过数字化建模和部署物联网设施将其纳入数字孪生虚拟电厂体系中，通过智能感知和数据采集补充完善信息中枢数据中台。在优化运行方面，虚拟孪生空间与物理实体通过高效连接和实时传输实现孪生并行与虚实互动。通过物联网智能感知和信息实时采集技术实现"由实入虚"；虚拟电厂物理实体和虚拟空间通过反馈机制实现虚实迭代，并通过智能决策平台的支撑和实时优化运行控制实现"由虚控实"。

基础理论方面，周翔等人总结了超大型城市虚拟电厂所需的理论[27]。超大型城市具备大规模的分布式主体，它们的种类、属性、资源和需求各异且往往具备较强的主动性与不确定性，其间耦合与相互作用不断交织，使能源系统的复杂度不断提升，挑战经典基于机理模型的（model-based）电力系统分析方法。站在系统高度，系统呈现兼容开放、系统扁平、边界模糊、供需分散的特征，致使传统"面向能源巨头的源随荷动"式优化调度控制方法难以满足系统调控要求。该能源系统及其复杂性所衍生的一系列问题已经超出了还原论（reductionism）的讨论范畴，即认为系统的特性可由单体简单累加所体现，而忽视了不同层次、不同主体之间的互动行为与涌现效应；为此，需要提出系统性的认知手段及对应的数学量化分析工具。为了更好地理解超大型城市虚拟电厂中复杂的相互作用和耦合关系，引入了随机矩阵理论和范畴论两个相关理论作为孪生框架的核心算法，以应对系统高度复杂性、资源异质性和多空间映射等方面的挑战。

（1）随机矩阵理论。引入随机矩阵理论（Random Matrix Theory, RMT）来处理超大型城市虚拟电厂中多个（同质）分布式电源传感器所带来的结构化时空数据。目前，RMT 已成功应用于电力系统态势感知、故障检测、稳定性评估与敏感因素分析等数个领域。通过分析分布式电源所对应的多维时空数据时空联合相关性，能够更充分地挖掘、处理传统意义上的无效信号（特别是低信噪比信号），为洞察聚合体 / 系统的复杂行为现象提供了具备理论指导的新手段。

RMT 是处理时空联合数据及高维统计数据的重要工具。随机矩阵是以独立同分布随机变量为元素所组成的矩阵。当随机矩阵的规模趋于无穷大时，其经验谱分布（Empirical Spectral Distribution，ESD）满足单环定理（Ring Law）、M-P 律（Marchenko-Pasturlaw）和半圆律（Semi-Circle Law）。在此基础上，进一步定义随机矩阵的线性特征值统计量（Linear Eigenvalue Statistics，LES），继而构建有效指标。上述定理均适用于中等或大规模的工程案例。RMT 的理论基础和工程应用前景使其成为处理超大型城市虚拟电厂中多维数据的重要工具。

（2）范畴论。范畴论的重要特点在于它剥离了每个对象的细节，将重心集中到研究对象间的抽象关系。近年来，范畴论在不同领域中的应用发展迅速。本书引入范畴论来描述超大型城市虚拟电厂中的复杂关系，包括异质需求侧资源间的关系、单元与聚合体间的关系及不同空间（包括物理空间、数字空间、模型空间、感知空间和决策空间）之间的映射。范畴论在城市虚拟电厂中的应用潜力在于可以描述不同层级各个主体间的多种抽象关系，从而有望解决孪生体统一建模、多孪生体聚合、孪生聚合体协同与互动博弈等重要问题，并为具体业务的工具设计提供基础支撑。

范畴论是一门处理数学结构以及结构之间联系的数学理论，被称为"数学的数学"。该理论起源于代数拓扑领域，由数学家 Samuel Eilenberg 和 Saunders MacLane 提出，如今已成为大多数纯数学、部分应用数学和部分计算机科学领域的基础语言。近年来，有许多学者试图将范畴论引入语言学、神经科学、机器学习等涉及复杂系统的研究领域，且取得了一定进展。范畴论的基础概念包括范畴、对象、态射、函子和自然变换。一个范畴由许多对象和对象之间的关系组成，这种关系被称为态射。态射之间必须定义结合运算，其满足结合律且存在单位元。函子描述了范畴之间的关系，可以理解为保持两个范畴之间"结构不变"的函数。自然变换则进一步描述了函子之间的特殊关系。范畴论高度适用于不同层次、不同主体之间互动关系的统一建模。

综上所述，随机矩阵理论和范畴论在处理超大型城市虚拟电厂中的复杂系统和多主体互动方面发挥着不可替代的作用。这两个理论为在数字空间中深入理解城市虚拟电厂并优化其运行提供了重要理论支持。

3.6.2　数字孪生引入虚拟电厂业务的意义

随着电力市场的逐步放开，电力系统规划、运行、管理等诸多方面都将发生变化，传统以年为单位的按时规划已经不能适应当前快速变化的电力系统需求。将数字孪生概念引入虚拟电厂规划的意义为：

（1）可以及时反映市场价格信号变化，使需求侧多元分布式电源规划适应市场需求。

（2）通过数字孪生系统多时间尺度仿真与预演，可在虚拟电厂规划建设阶段在数字空间低成本试错，避免电源、电网、变电站、储能等硬件设施过度建设，以按需规划取代按时规划，精准量化虚拟电厂投资规模。

（3）数字孪生虚拟电厂能够基于数据分析、仿真计算、场景模拟等方法进行极端情况下的异常状态识别与安全预警，并将结果及时反馈至物理电网，指导虚拟电厂建设，提前分析和解决可能遇到的虚拟电厂故障与异常状态模式，避免按时规划带来的滞后影响。

3.7　网络安全：实现虚拟电厂全过程运行安全保障

3.7.1　虚拟电厂运行中的网络安全问题概述

虚拟电厂网络通信制式、管理层级差异化程度高。同时，因为分布式灵活资源存在接入断面连接多、协议杂、数据刷新频率各异等特征，端到端时延难以精确测量和有效控制，严重影响分布式资源参与高实时性调控业务的有效性。其次，针对虚拟电厂终端接入方式多样且计算资源有限、高实时安全接入认证技术难度大等关键问题，突破基于人工智能的终端软硬件指纹生成技术和基于加密算法指令集优化的高效身份认证技术，为虚拟电厂规模化灵活资源快速安全聚合调配提供保障。最后，虚拟电厂多方电力交易中有海量用户数据实时采集、多业务高度共享、用户隐私密度大的特点，如何面向不同业务场景下的差异化数据安全需求和使用需求，既保护用户隐私，又不影响虚拟电厂业务数据可用性，也是虚拟电厂业务的关键难点。因此，突破复杂异构通信网络的时延控制与动态安全防护技术是规模化虚拟电厂的核心技术之一。

（1）虚拟电厂量测装置数据安全[28]。以同步相量测量装置（Phasor Measurement Unit，PMU）为代表的数据量测装置是虚拟电厂运营商需部署的关键边缘终端设备。准确的同步相量数据是其各类高级应用的前提。然而，伴随着 PMU 的推广运行，因互感器误差，PMU 设备故障、时间同步异常、通信系统中断等诸多因素，现场部分实测同步相量数据出现了数据系统性误差异常、丢失、跳变、偏差等数据异常问题。据加州独立系统运营商（California Independent System Operator，CAISO）2011 年报道，北美同步相量数据异常比例为 10%~17%。在中国，2013 年这一比例也达 20%~30%[29]。

另外，随着现代电力系统物理层与信息层的不断融合，系统调控中心和虚拟电厂运营商对实时量测数据的依赖程度越来越高，导致同步相量数据及 WAMS 面临着较高的潜在网络攻击风险，如受到虚假数据注入（False Data Injection，FDI）攻击、分布式拒绝服务（Distributed Denial of Service，DDoS）攻击等。同时，因 PMU 利用卫星信号授时，其时间同步系统易受卫星授时信号欺骗攻击等时间同步攻击。相比于网络攻击，卫星授时信号欺骗攻击可在无需接入物理网络的情况下，利用便携设备发动攻击，易导致 PMU 量测异常。

同步相量数据异常对其后续的高级应用性能有着严重的影响，如线路参数辨识中电压幅值误差在向电阻辨识结果误差传递过程中会放大上千倍，将使得虚拟电厂结算数据失真，更有甚者 PMU 时间同步偏差将破坏广域阻尼控制的效果，甚至加剧系统振荡的幅度。针对同步相量数据的网络与时间同步攻击也严重威胁着电力系统安全经济运行，甚至可能导致系统切机引发连锁故障。

（2）针对虚拟电厂的攻击路径分析[30]。面向虚拟电厂的网络攻击，主要目的包括获取控制权、窃取信息、损毁致瘫等，均需借助各种攻击工具（如漏洞攻击突破类、持久化控制类、嗅探窃密类、隐蔽消痕类等），实现漏洞发现、入侵提权、横向移动、持久控制等攻击步骤，该过程往往隐秘而持久，其攻击路径也有迹可寻，有必要从攻击方的角度，对虚拟电厂网络攻击进行路径分析，为动态指标设计奠定基础。根据攻击起点的不同，面向虚拟电厂的网络攻击路径分析如图 3-12 所示。

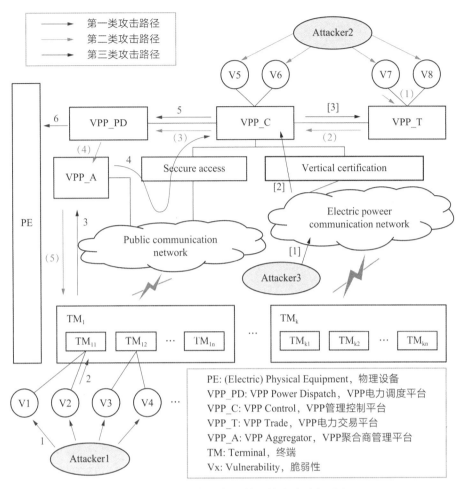

图 3-12   面向虚拟电厂的网络攻击路径分析

1）第一类攻击路径：以 TM 为攻击起点，如 Attacker1 → TM → VPP_A → VPP_C → VPP_PD → PE（见图 3-12 中红色箭头标注路径）。虚拟电厂终端数量多，设备缺乏完善的网络安全保护，被攻击者选为入侵起点的概率较大。第一阶段，攻击者对公网内 TM（如电源出力）发起 FDI 攻击，将调节容量信息虚假扩大数倍，按照虚假数据向 VPP_C 申报调节容量，导致 VPP_C 发出错误的调节指令，下发给被攻击 TM 的调节信号过大，有可能导致电源出力不足，引发功率缺额，甚至可能引发切负荷操作，影响系统稳定运行，还有可能引起 VPP_PD 错误调度。终端攻击也能够造成终端用户隐私数据泄露、可控参数被恶意修改，引发设备硬件损害。第二和第三阶段，攻击者可以采用嗅探工具和数据包解析工具，从正常的业务数据传输中，发现 VPP_A 和 VPP_C 的 IP 地址，导致攻击路径蔓延，有可能引发 VPP_C 发出错误电源出力调节和切负荷指令。第四阶段，VPP_PD 被攻破，可能发出恶意错误调度指令，引发网络攻击大范围跨空间传播，影响整个电网系统的运行安全。

2）第二类攻击路径：以 VPP_T 或者 VPP_C 为起点，例如 Attacker2 → VPP_T → VPP_C → VPP_A → TM（见图 3-12 中绿色箭头标注路径）。第一阶段，由于 VPP_C 和 VPP_T 一般在专网内部，安全防护较为严密，攻击者有可能采用社会工程学（如钓鱼邮件、网站钓鱼等）手段发起攻击，绕过网络安全防护设备，执行非法操作。此外，VPP_T 因为需要向公众提供 Web 服务器访问服务，有可能被攻击者利用存在的漏洞获取访问权限。如攻击者非法利用 VPP_C 发出恶意调节指令，导致控制域内终端进行错误放电操作，极端情况突破出力下限，造成部分正常运行负荷被移除。第二阶段，依托公网开展业务的 VPP_A 相关软硬件被攻击控制，造成专网内信息泄露，对互联网大区、管理信息大区产生危害，甚至对生产控制大区产生间接危害。此类攻击将导致大量终端数据被窃取、电网失去对聚合资源的调度能力，导致下发恶意调度指令。

3）第三类攻击路径：以通信网络为攻击起点，如 Attacker3 →通信网络 → VPP_C → VPP_T（见图 3-12 中黑色箭头标注路径）。虚拟电厂内部的通信链路和信息交互为信息攻击者提供了多种入侵途径和目标。攻击者在第一阶段攻击通信网络，导致通信延迟或中断、隐私泄露、调度及交易过程数据被篡改，如泄露或修改竞标电价信息及电量信息，在第二和第三阶段沿攻击路径传播，有可能引发较大危害。

4）协同攻击路径：虚拟电厂业务系统遭受单时段多目标或者多时段单目标协同攻击。如前述三种攻击路径并发进行易引发联动故障，联动故障复杂性高、发生概率低、难度大、危害性最大。

以上基于虚拟电厂业务对攻击路径进行了分析。此外，攻击路径分析还应考虑节点重要性和攻击成本。比如，第一类攻击路径，终端防护能力相对较低，攻击成本较低，单个终端受到攻击时，引发危害较小，大量终端受到攻击有可能引发 DDoS 攻击，如果防护体系未能阻断攻击路径，则有可能引发更大危害。第二类攻击路径中，VPP_C 节点重要，防护更为严密，攻击成本较高，攻击获益多。

3.7.2 虚拟电厂网络安全关键技术

面向虚拟电厂分层分区网络的信息通信能力指标体系构建。虚拟电厂分层分区网络的信息通信能力指标体系构建过程需要首先开展虚拟电厂业务调控需求分析，根据虚拟电厂的具体业务确定承载通信指标映射关系。指标体系中，一级指标可包括通信实时性、通信可靠性和通信安全性。实时性指标中可包括网络延时、网络带宽、网络同时访问能力。可靠性指标可包括网络丢包率、网络中断频次、网络故障平均恢复时间等。安全性指标可包括加密算法破解时间复杂度、数据备份周期等。此外，通过研究云—边协同网络攻防渗透技术，可实现虚拟电厂信息通信能力指标体系的有效性验证。

虚拟电厂网络时延控制技术。虚拟电厂网络时延控制技术首先主要实现方法在于通过构建时间敏感网络，提供网络的时钟同步、端到端的确定性时延、高效的数据传输调度和资源预留，实现周期性和非周期性数据在同一网络上传输，满足虚拟电厂控制系统对网络实时性和准确性传输的要求。可在时间敏感网络中引入 IEEE 802.1Q 标准中的服务质量（Quality of Service，QoS）机制，根据不同业务的服务要求为其数据传输分配合适的网络资源和传输优先级 [31]。最后，采用业务类别识别技术，通过开展电力通信网中时间敏感网络交换机的开发工作，将各类业务数据信息在通信终端处汇聚上传到时间敏感网络交换机接口，并基于识别业务类型确定传输信号传输优先级，保障敏感信号的低时延传输。

虚拟电厂网络实时仿真模型构建技术。该技术重点在于构建基于隐马尔可夫过程的虚拟电厂网络实时在线仿真模型，形成面向虚拟电厂业务刚性服务质量保障的网络承载能力指标体系，基于网络实时在线仿真提出网络承载能力量化评估方法，通过实时仿真预测强化虚拟电厂实时业务承载能力。通过网络实时仿真模型构建，可以实现复杂网络安全技术的实时仿真，提升虚拟电厂网络安全技术开发效率。

虚拟电厂终端边缘网络安全技术。该技术重点在于研究虚拟电厂智能终端边缘计算技术和边缘侧源网荷储的协同管控技术、基于人工智能的终端软硬件指纹生成技术、加密算法指令集优化设计技术、基于零知识证明的高效身份认证技术，实现虚拟电厂智能终端加密认证过程的加速和实时安全接入，为虚拟电厂规模化灵活资源快速安全聚合调配提供保障。通过高安全性的加密认证技术，保障海量异质性虚拟电厂灵活性资源的安全可靠调控。

虚拟电厂用户数据敏感性分析技术。该技术重点研究通过面向复杂虚拟电厂用户的敏感数据高效识别技术，将虚拟电厂用户数据按敏感程度分级分类，对不敏感数据采用弱加密通道快速传输，降低敏感数据传输压力；采用兼顾数据安全性和可用性的脱敏方法、敏感数据脱敏策略的场景化动态适配技术，实现脱敏策略的最优化选择和敏感数据场景化的精准脱敏，实现保障虚拟电厂用户隐私安全的同时，避免传输用户敏感性数据时所需的繁琐的反复确认流程，提升业务运行效率。

Chapter 4

虚拟电厂市场机制
与运营模式

4.1 虚拟电厂市场机制

受全国统一电力市场体系建设等利好政策驱动，能源行业各发电集团、电网企业等积极开展研究和试点，虚拟电厂市场机制衔接、技术规格标准化、商业模式研究等方面工作快速推进，"十四五"期间，虚拟电厂有望在供需紧张地区快速发展。

目前各省发展改革委、能源局、经信委、环资局等政府主管部门在政策文件中均提及虚拟电厂应用，支持虚拟电厂参与电网互动。经政策收集与统计，华北、东北、西北、南方区域以市场交易形式组织辅助服务申报，允许需求侧可调节资源参与；华东、华中对需求侧资源参与调峰予以补偿；西南暂不支持用户侧提供辅助服务。共26个省（直辖市、自治区）发布了需求响应文件：其中，15个省份单独出台政策支持需求侧可调节资源参与调峰辅助服务，5个省份沿用区域辅助服务政策，西藏以补贴形式引导用户参与；12个省份单独出台政策支持用户侧参与调频辅助服务，重庆、西藏以补贴形式引导用户参与，江苏、山西、福建、四川、浙江、山东在辅助服务市场规则中明确，目前需求侧可调节资源中仅储能资源具备参与调频辅助服务条件；山西对虚拟电厂开放电能量市场，允许虚拟电厂参与中长期交易和日前现货交易，实时现货市场中作为固定出力机组参与出清。全国范围看，仅山西、山东两个省份现货规则明确了虚拟电厂市场主体地位和交易机制，安徽、重庆、宁夏等10个省份现货规则增加了虚拟电厂市场主体地位，但未针对虚拟电厂发用特殊性进行机制设计。

虚拟电厂参与市场化交易，尤其是现货交易，为用户提供常态化获取收益的渠道，是虚拟电厂发展的关键。表4-1列出了虚拟电厂参与市场的交易品种。目前虚拟电厂可参与的交易品种主要以单边的形式组织，未来可拓展双边协商、双边集中竞价、挂牌交易等品种。

表 4-1　虚拟电厂参与市场的交易品种

市场	交易品种	交易范围	交易组织形式	典型地区或省份
需求响应	日前	省内	多采用邀约单边报量固定标准补贴、单边报量报价边际出清	湖北：每年按日前最高限价 20 元 / 千瓦，日内最高限价 25 元 / 千瓦组织交易
	日内			甘肃：日内提前 2 小时向市场主体发布中标时段、响应负荷、边际价格。市场初期，市场化需求响应交易时序根据省间现货市场实际出清情况相应顺延
辅助服务	备用	省内、区域	单边报量固定标准补贴、单边报量报价边际出清	南方区域：采用"日前出清 + 日内调整"模式组织跨省备用市场交易。日前分 24 个时段分省区申报 10 分钟备用购买和提供容量和价格，出清后在日内由南网总调组织调整并事后披露
	调峰	省内、区域		上海：实时市场申报容量单位为 10 千瓦，时间单位为 15 分钟，最短持续时间为 30 分钟。报价上限值为 0.4 元 / 千瓦时
	调频	省内、区域		重庆：市场初期暂定调频容量价格为日前 30 元 / 万千瓦，日内 100 元 / 万千瓦
现货市场	日前	省内	单边报量报价边际出清	山西：日前交易以报量报价方式参与
	日内			山东：虚拟电厂竞价申报运行日调节的电力、调节时间、调节速率等信息，接受实时市场出清价格（实际暂未有虚拟电厂参与）

1　需求响应

需求响应由当地政府电力运行主管部门经审批后发布实施，具有非周期性、非连续性、审慎性。实施前完成可调节资源组织、项目建设管理等流程，按照邀约结果制定计划并实施，最后根据响应结果发放激励。

山东、上海、四川等省市已开展服务虚拟电厂参与市场化需求响应工作，在市场准入、交易模式、结果评估等方面管理要求各异，但整体流程大体一致。

市场准入条件方面，各省针对虚拟电厂的信用资质、调节容量、持续响应时间、代理电量等提出不同程度要求。其中，山东要求代理用户应属于当年度电力市场交易用户，具备分时计量采集条件并接入用电信息采集系统，四川要求主体履约保函超 800 万元，上海对聚合资源类型、可调容量、调节速率、调节精度、最大可调节时间等详细信息进一步细化。

市场交易模式方面，上海由政府授权需求响应中心负责，按照"单边竞价、边际电价出清"方式按年形成分品种最高限价，根据实际运行需要按次进行中长期响应、日内响应、快速响应邀约，单次出清量价。山东将虚拟电厂按日前、日内两个挡位相应能力进行划分，根据电力缺口预估情况进行邀约。四川由电力交易中心组织，提前 3 天完成缺口预估与邀约，日前完成报量报价。

交易结果执行方面，政府或电网向参与主体发出削峰或填谷响应邀约，虚拟电厂依据出清指标、邀约反馈意向等向台区内具备响应能力和意愿的可调节资源分解调节指令，虚拟电厂资源主体在接收通知后按计划进行响应，主动改变常规电力消费模式。响应数据由电网用电信息采集系统实时传送至对应监控平台，系统自动评估需求响应实施效果。部分虚拟电厂运营商自主加装量测表计，将其计量数据作为辅助监测依据。

下面以山东省对虚拟电厂参与需求响应的管理情况为例进行说明。政策方面，山东依据《关于印发 2021 年全省电力需求响应工作方案的通知》（鲁发改能源〔2021〕448 号）参与需求响应。资质方面，现阶段参与需求响应的虚拟电厂运营商为具有山东省内电力市场化交易资格的售电公司，虚拟电厂须建有自有控制平台并接入国网山东省电力公司省级智慧能源服务平台，响应能力须通过测试。虚拟电厂运营商代理的用户应具有省内独立电力营销户号、资源类型、地理位置、容量、计量编号、最大功率、调节速率、调节频度等基础数据，单个虚拟电厂具备稳定提供不少于 2000 千瓦的调节电力，聚合资源可实现直控，单日持续响应时间不低于 2 小时。响应类型方面，虚拟电厂运营商可参与紧急型削峰需求响应、紧急型填谷需求响应、经济型削峰需求响应、经济型填谷需求响应 4 类。

参与市场流程方面，紧急型需求响应流程包括响应邀约、容量竞价、响应能力确认、响应执行、响应效果评估、费用结算环节；经济型需求响应流程包括电能量竞价、响应执行、响应结果评估、费用结算环节。交易方式方面，紧急型需求响应采用"单边报量报价、边际价格出清"模式，根据用户申报的响应量和补偿价格，依次按照排序价格由低到高、申报时间由先到后的优先顺序确定市场统一出清价格；经济型削峰需求响应采用"单边报量报价、边际价格出清"模式，当日前现货市场发电侧加权平均节点电价高于评估价格时，按照价格优先、时间优先的原则，确定参与经济型削峰需求响应的用户范围，申报价格低于日前现货市场发电侧加权平均节点电价的用户中标；经济型填谷需求响应按照"双边报量报价、边际价格出清"模式进行市场预出清。

　　结算方面，国网山东省电力公司负责对结果执行情况进行考核及补偿费用计算，若用户由虚拟电厂运营商代理参与响应，以电力营销户号为单位计算需求响应补偿费用，将补偿费用发放给虚拟电厂运营商，虚拟电厂运营商按照协议约定自行支付所代理用户需求响应补偿费用。紧急型需求响应补偿费用包括容量补偿费用、电能量补偿费用和考核费用。经济型填谷需求响应的电量结算价格为中标价格加输配电价，执行峰谷分时电价政策；经济型削峰需求响应电能量结算费用包含日前费用和实时偏差费用。

　　部分省市暂无面向虚拟电厂的需求响应规则，运营商和用户自主以虚拟电厂形式聚合、协调各类需求侧可调节资源，形成规模化调控能力，帮助需求响应计划高效执行。以江苏省为例，江苏省内用电需求保持较快增长，用电峰谷差逐年拉大，季节性电力紧缺时有发生，负荷尖峰明显且时长较短。为缓解电网运行压力，优化资源配置，引导电力用户主动调整用能行为，江苏省发展和改革委发布《江苏省电力需求响应实施细则》，对需求响应用户参与资质、启动条件、执行方式、效果评估与结算价格等内容进行明确规定。为更好达到需求响应效果，江苏省内已建设苏州综合智慧零碳电厂、泰州多要素资源管理虚拟电厂、高邮市"绿心"虚拟电厂等试点，其中苏州零碳电厂在 2023 年度夏期间，聚合 63.4 万千瓦分布式光伏发电容量参与电网调节，并由此获得补贴 414.58 万元。

2　辅助服务

　　在辅助服务市场中，虚拟电厂可以根据市场需求在能源供需之间实现动态平衡，参与调峰、调频等辅助服务市场交易是虚拟电厂重要的盈利方式之一。常见的且容易量化的辅助服务类型包括调峰、（二次）调频、惯量（一次调频）、无功电压调节、黑启动等。作为一种新兴电力市场主体，虚拟电厂理论上可以参与以上全部的辅助服务市场。但受虚拟电厂技术应用现状与市场机制建设所限，目前中国虚拟电厂主要参与调峰辅助服务市场，规则上支持参与调频辅助服务，具体交易流程按照各省电力辅助服务市场相关文件开展。

　　市场准入条件方面，虚拟电厂参与调峰辅助服务的调节能力要求较市场化需求响应严格，各省均对虚拟电厂信用资质、调节能力、持续响应时间、快速响应能力等提出不同程度要求。其中，浙江要求虚拟电厂需满足96点分时计量且采集能力，聚合的电力用户立户时间应超过6个月，并针对虚拟电厂及聚合用户进行户号、调节能力校验；宁夏要求对虚拟电厂调节能力定期开展评估。

交易模式要求方面，浙江由电力交易中心负责组织虚拟电厂参与旋转备用、削峰调峰、填谷调峰三类辅助服务，以"单边报量、市场出清"方式开展交易。宁夏、冀北由调控中心（宁夏、华北分部）负责，分别采用集中竞价、报量报价交易模式，通过日前申报、日内执行的方式完成调峰、顶峰交易。浙江、冀北虚拟电厂在市场中与独立储能、负荷聚合商等第三方主体一同出清，宁夏虚拟电厂与常规机组同台出清。

交易结果执行方面，市场出清结果经调度安全校核后，将正式交易结果推送至交易平台或相关信息披露系统，虚拟电厂根据交易结果执行计划。参与调峰市场时，虚拟电厂往往需要调用长时间、大容量的可调节资源，比如聚合可控负荷、储能和充电桩等设备。参与调频市场时，虚拟电厂可通过灵活调控其内部分布式电源使其整体外特性追踪调度机构下达的自动发电控制信号（Automatic Generation Control，AGC）以提供调频服务。其响应速度要求更快，但作用时间相对较短，对运营商的功率聚合水平提出要求。目前，国内江苏省能源监管办已发布《江苏电力辅助服务（调频）市场交易规则（试行）》（苏经信电力〔2018〕477号），其中明确除各类统调发电企业外，储能电站及综合能源服务商均可参加江苏省调频辅助服务市场，虚拟电厂以综合能源服务商的身份参加调频市场。执行过程数据由电网企业安装的经过法定计量检定的计量装置采集，经校验、补抄、拟合、补全后，作为法定计量结算依据。图4-1给出了虚拟电厂参与辅助服务市场的业务流程图。

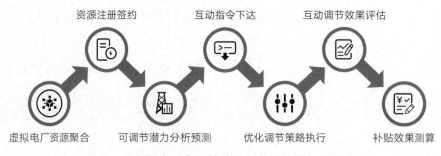

图4-1　虚拟电厂参与辅助服务市场的业务流程图

3 现货市场

虚拟电厂作为新型市场经营主体，率先具备作为需求侧主体参与报量报价参与现货交易的条件，是推动形成可靠价格信号、建设双边现货市场的重要载体。山西、山东两省明确虚拟电厂可以参与电力现货市场，在山西已实现实际运营，2024 年最新《山东电力市场规则（试行）》征求意见稿中，根据虚拟电厂控制方式、聚合资源，允许虚拟电厂按照实际能力参与日前现货市场、实时现货市场和中长期市场。

市场准入条件方面，山西市场运行规则对运营商具备的调节能力提出明确要求，虚拟电厂运营商需取得售电资质，并在山西省智慧能源服务平台完成响应资源认定，通过系统调节能力测试，由山西电科院出具测试报告。

市场交易模式方面，山西省要求运营商采用集中竞价的交易方式参与中长期交易和现货交易，统一在电力交易平台作为普通电力用户进行中长期申报，作为虚拟电厂进行现货申报，按照报量报价方式参与现货市场。其中"负荷类"虚拟电厂以"负发电"模式参与现货市场出清。"源网荷储一体化"虚拟电厂每月可选择申报负荷或发电曲线。针对运营商与用户之间结算提供可选套餐类型，由双方自行商议结算参数，但对虚拟电厂交易履约保障仍未提出明确要求。山东省要求虚拟电厂在参与现货市场时，虚拟电厂竞价申报运行日调节的电力、调节时间、调节速率等信息，接受实时市场出清价格。

交易结果执行方面，山西虚拟电厂参与现货交易，在调度源网荷储系统完成市场出清，由省级智慧能源平台将现货出清信息提供给虚拟电厂运营商，再由虚拟电厂运营商将用电总计划曲线分解至具体用户执行。电网企业用电信息采集系统数据实时推送至省级智慧能源平台，支撑用户实时负荷查询。

4.2 现阶段运营模式

随着可再生能源发电量占比提高，新能源机组成为新增装机主力，电能量成本将进一步下降，与之相伴的是电力系统调节能力的价值将逐步提升。基于中国资源禀赋的优势，新型电力系统在西电东送基础上将形成分级平衡模式，虚拟电厂将在其中发挥重要作用。

现阶段，虚拟电厂的运营模式主要可以分为技术型与经济型。其中，技术型运营模式下各参与主体主要涉及能源服务商和用户的角色；经济型运营模式下主要涉及交易代理、能源服务商和用户的角色。技术型、经济型运营模式可以并存于同一虚拟电厂。

技术型运营模式指运营商通过技术手段帮助用户降本增效而收取节约电费分成和服务费。运营商依托能源管理系统，实时监测和控制分布式电源、用户侧储能、可调节负荷、电动汽车等各类资源的运行状态，利用大数据、云计算、物联网、区块链、人工智能等新兴技术，制定用能优化策略，从时间和空间尺度，对虚拟电厂内部资源进行合理配置，有助于用户降低能源成本，实现节能降耗，提高虚拟电厂各参与主体的经济效益。此外，运营商可以提供各项增值服务，如能源管理咨询、负荷预测、能源储存、碳排放及环境监测和管理等，进一步提升运营效率和盈利能力。

经济型运营模式指具有售电公司资质的企业作为虚拟电厂运营商进行用户代理，聚合各类虚拟电厂资源，实时监测资源信息，分析其可调节潜力，根据市场需求和电网态势，通过能源定价、奖惩机制等手段，精准调整能源资源的运行状态，引导用户对能源的充分利用，满足电力系统需求、实现能源的高效协同运行，通过市场交易获取价差收益或分成。在电能量市场中，虚拟电厂主要参与现货市场盈利。在辅助服务市场和市场化需求响应中，虚拟电厂主要通过参与电网调节获取辅助服务费用和需求响应补贴。

虚拟电厂多种调节能力与多时间尺度的电力市场交易相互匹配，推动实现灵活、高效和可靠的电力供应，为电力市场的运行和发展提供重要支持。

短期调节能力是指虚拟电厂能够在分钟至小时级别上对电力需求和供应进行快速调节的能力。这种能力通常用于应对突发的负荷波动、可再生能源波动及电网的频率和电压稳定等方面的问题。虚拟电厂通过储能、分布式发电和负荷调控实现快速的功率调整，满足电网的瞬时需求。具备短期调节能力的虚拟电厂可以参与调频辅助服务和备用市场，提供快速响应的调节能力，获取相应的收益。

中期调节能力是指虚拟电厂能够在几小时至几天的时间尺度上对电力供需进行调节的能力。这种能力通常用于应对日常负荷变化、可再生能源波动的季节性变化及短期市场价格波动等情况。虚拟电厂可以通过灵活调整各种需求侧可调节资源的运行模式，实现对电力供需的平衡。具备中期调节能力的虚拟电厂可以参与现货市场和调峰辅助服务，根据市场价格和需求预测进行交易，实现利润最大化。

长期调节能力是指虚拟电厂能够在几天至几个月的时间尺度上对电力市场参与和资源运营策略进行调整的能力。这种能力通常用于应对季节性负荷变化、可再生能源装机容量的长期规划及电力市场结构和政策的变化等方面的问题。虚拟电厂可以通过优化资源配置和运营策略，实现电力中长期交易市场中的风险管理。具备长期调节能力的虚拟电厂主要以虚拟电厂为技术手段，结合中长期电力交易合约制定用能策略，锁定未来的电价和效益，提高用电效率。

综上所述，虚拟电厂运营商可通过能源服务和市场交易盈利。能源服务包括节能服务与综合能源规划、建设、运营。具备短期调节能力的虚拟电厂通过提供快速响应的调节能力获取高额收益；具备中期调节能力的虚拟电厂通过灵活调整运营策略和参与现货市场与调峰辅助服务获取稳定的收益；具备长期调节能力的虚拟电厂在电力中长期市场中合理制定交易策略，调整用能行为保障履约，降低市场风险。

4.3 技术经济性分析

虚拟电厂建设运营需要分析经济上的可行性和效益，其中虚拟电厂定价机制是虚拟电厂运营的重要组成部分，对虚拟电厂的经济效益和市场竞争力具有重要影响，需要考虑市场价格、成本价格、用户行为、市场竞争、交易成本、风险溢价等多种不确定性因素并使其尽量可控。虚拟电厂集群协同调控过程复杂，多元资源聚集的不确定性、多元市场交易品种耦合、低碳经济运行要求进一步增加了虚拟电厂的多阶段协同定价难度。

虚拟电厂定价机制需要考虑批发市场定价、申报定价策略和代理合约定价三重价格形成环节及其联动影响。出于市场公平考虑，批发市场应无歧视地对符合技术准入条件的虚拟电厂和其他电网互动资源主体进行出清并形成价格，并根据各地供需形势，适当地引入两部制定价方法；政府部门也应在具体实践中适时调整核定价格申报上下限要求。虚拟电厂申报定价策略需考虑市场价格的波动性，灵活调整虚拟电厂整体聚合出力和价格以适应市场变化，在市场价格上涨时提高出力并提高定价，从而最大限度地获利；在市场价格下跌时，控制出力和降低定价以避免亏损。

在虚拟电厂代理合约定价环节，用户的价格敏感度、风险偏好和反应行为深度影响合约定价，需要通过精细化管理服务平衡优化成本和收益。近似于电能量零售市场，虚拟电厂代理合约可分为固定价格套餐、比例分成套餐、阶梯价格套餐、市场价格联动套餐等类型。虚拟电厂应考虑反映可调节资源经济成本、用电舒适度损失成本、效用损失成本、内部交易成本等虚拟电厂成本构成及合约定价、考核措施、收益分成等合约约束对用户参与互动的影响。虚拟电厂通过和用户执行代理合约套餐，在不同用户、多种合约间实现博弈竞合，降低了用户的交易成本，缓冲市场风险。对于同时作为售电公司、综合能源服务商的虚拟电厂运营商，还应考虑辅助服务市场合约与电能量市场套餐的耦合影响及结合绿电、绿证、碳市场的收益管理。

成本计算方面，虚拟电厂的投资建设包括一次投入和二次投入。一次投入包括固定投入和变动投入。固定投入主要为平台建设费，变动投入包括日前级、小时级、分钟级资源接入监测装置及储能装置建设费用。日前级、小时级、分钟级资源接入监测装置投入费用正比于虚拟电厂建设功率容量，储能装置的建设费用正比于其储能容量。在实际建设中，应考虑建设当地虚拟电厂市场交易准入政策。

以下以华北辅助服务市场和上海调峰市场为例进行介绍。华北辅助服务市场要求虚拟电厂聚合的调节容量应不小于 1 万千瓦、调节电量不小于 3 万千瓦时；上海调峰辅助服务市场要求调节容量应不小于 0.1 万千瓦。此外，对于参加上海实时调峰交易的虚拟电厂，额外要求其用电信息采集时间周期不大于 15 分钟，响应时间不超过 15 分钟，持续时间不小于 30 分钟。

华北辅助服务市场中虚拟电厂申报周期为日，需向调度机构申报充（用）电功率曲线（兆瓦）、价格（元/瓦时）、最大充（用）电功率（兆瓦）等。在上海调峰辅助服务市场中，虚拟电厂参与日前调峰交易、日内调峰交易需上报调峰容量、价格，申报最小调峰容量单位为 10 千瓦，申报价格从 0 开始以 5 元/（兆瓦时）递增，报价上限为 100 元/（兆瓦时）。

收益结算方面，上海为鼓励虚拟电厂参与调峰市场，在建设初期并未规定具体偏差考核细则，在结算时也不考虑调峰性能，仅根据实际执行量与报价由调度机构按月结算调峰费用。华北市场规定了较为明确的偏差考核方法，若由于虚拟电厂自身原因，某时段的实际运行曲线与调度机构下发的运行曲线偏差超过 30%，该时段调峰费用不予结算，调峰费用具体计算见下式：

$$R_{f} = K \times \min\left\{\frac{P}{P_{中标}}, 1\right\} \times \min\{P,\ P_{中标}\} \times t_{出清} \times C_{出清} \qquad (4\text{-}1)$$

式中　　　　K——市场系数，取省网内火电机组平均负荷率的倒数；

　　　　　　P、$P_{中标}$——虚拟电厂的实际充电功率与在调峰市场中标容量，千瓦；

　　　　　　$t_{出清}$——调峰市场出清时间间隔，为 0.25 小时；

　　　　　　$C_{出清}$——调峰市场边际出清价格，元 / 千瓦时。

4.4　运营技术要求

与一般产品运营类似，虚拟电厂运营技术是通过科技手段和工具来提高业务效率、降低成本、优化流程及增强竞争力的一系列技术。主要包括供应链管理、市场运营技术、数据分析与决策支持等。

供应链管理技术包括常规的分布式能源系统、控制设备物料采购、库存管理、物流配送等方面的技术，以优化供应链的效率和准确性；由于虚拟电厂聚合可调节资源也作为可出售的商品，同时应引入客户关系管理技术，应用自动化工具和平台，用于管理和维护与拥有需求侧资源的用户的关系。在聚合可调节资源参与电力市场的基础上，虚拟电运营商除了要按照市场规则与可调节资源签订代理合同外，还可基于聚合可调节资源类型和参与市场机制的不同，探索开展能源金融、大数据增值等多类型服务，拓展虚拟电厂商业模式。

市场运营技术利用人工智能、大数据和机器学习等技术，实现自动化、智能化的运营管理，提高效率和决策质量。需要研究考虑不同资源对象的物理特性、用户意愿和响应成本等多重因素及复杂目标的虚拟电厂多元主体动态定价技术，构建涵盖 B2B、B2C、C2B、C2C 等多种商业运营模式的价值互动模型，形成有效、可靠的激励方法，提高用户资源参与虚拟电厂运营的积极性，实现不同类型可调节资源价值的最优分配。

数据分析与决策支持应综合处理和分析市场信息、资源运行、宏观经济等各类数据，洞察供需趋势和价值需求，为虚拟电厂运营进行决策，优化业务流程。通过多元化数据分析组合，模拟不同场景下的风险与机会应对策略，降低市场和资源波动对运营的影响，提高稳定性和可持续性。例如，同时利用太阳能、风能和生物质能，使得虚拟电厂能够灵活应对不同天气和季节条件下的能源波动。同时，建立完善的市场风险防范机制，包括对价格波动、政策变化等风险的预警和规避，也是保障虚拟电厂盈利的重要手段。通过建立强大的风险管理体系，虚拟电厂能够更好地适应不确定的市场环境，确保长期盈利能力。

Chapter **5**

虚拟电厂典型案例

5.1 国外虚拟电厂

5.1.1 澳大利亚虚拟电厂

在南澳大利亚州、维多利亚州、新南威尔士州和昆士兰州一系列家庭电池储能系统激励计划的推动下，澳大利亚国家电力市场（National Electricity Market，NEM）中的家庭电池储能系统规模迅速增长。据澳大利亚能源市场运营机构（Australian Energy Market Operator，AEMO）统计，截至 2023 年 10 月，在 NEM 中 1/3 的独立住宅有屋顶太阳能。预计到 2050 年，在 NEM 中拥有屋顶太阳能的独立住宅比例将达到 79%，屋顶太阳能总容量将达到 7200 万千瓦。随着成本的下降，NEM 中的家用和商用电池也将从目前的 100 万千瓦增长到 2030 年约 700 万千瓦，然后在 2050 年达到约 3400 万千瓦[32]。

2019 年，为了进一步确定以用户侧家庭电池储能系统为主的虚拟电厂运行模式及其参与频率控制辅助服务市场提供服务的技术规范，AEMO 与澳大利亚可再生能源机构（Australian Renewable Energy Agency，ARENA）、分布式能源整合计划（Distributed Energy Integration Program，DEIP）等机构合作开展为期两年、共计 8 个试点的 AEMO 虚拟电厂示范项目，项目投资总计 707 万澳元，其中 346 万澳元由 ARENA 资助。表 5-1 给出了 AEMO 虚拟电厂示范项目的位置、名称及规模。8 个示范项目均位于 NEM 主要区域，大约 7150 个用户签约参与项目，规模总计约 3.1 万千瓦。

表 5-1 澳大利亚 AEMO 虚拟电厂示范项目

位置	项目名称	规模（万千瓦）
南澳大利亚州	Tesla SA VPP	1.6
	AGL	0.6
	Simply Energy	0.4
	ShineHub	0.1
维多利亚州	Energy Locals（Members Energy）	0.1

位置	项目名称	规模（万千瓦）
新南威尔士州	Sonnen	0.1
	Energy Locals（Members Energy）	0.1
昆士兰州	Hydro Tasmania	0.1

2020 年 2 月，南澳电网发生孤岛运行事件，虚拟电厂参与紧急频率控制，辅助服务市场收益高达 117 万澳元。截至 2021 年 1 月，澳大利亚 AEMO 虚拟电厂示范项目参与紧急频率控制辅助服务市场收益共计约 238 万澳元。从 2020 年 4 月至 2021 年 4 月，虚拟电厂在紧急频率控制辅助服务市场份额从 0.6% 增加到 3%，提供紧急频率响应服务平均水平约 1.4 万千瓦。

截至 2021 年 7 月，澳大利亚国家电力市场中已注册居民储能电池规模约 16.8 万千瓦。2022 年底，澳大利亚虚拟电厂规模约为 70 万千瓦。目前虚拟电厂可以参与紧急频率控制辅助服务市场和电能量市场，主要提供频率控制辅助服务。

5.1.2　德国虚拟电厂

（1）Next Kraftwerke 建立欧洲最大的虚拟电厂。德国虚拟电厂运营商 Next Kraftwerke 于 2009 年成立，建立欧洲最大的虚拟电厂。德国 Next Kraftwerke 虚拟电厂聚合资源包括沼气电厂、热电联产厂、水电、光伏、电池储能、电动汽车、工业负荷等。截至 2022 年底，德国 Next Kraftwerke 虚拟电厂的规模约为 1230 万千瓦，聚合单元超过 15000 个。

德国 Next Kraftwerke 虚拟电厂通过模块化设计的平台实时监测并记录所聚合资源运行状态，对各类分布式电源、用户和储能系统进行调控。虚拟电厂根据电力现货市场日内交易电价信息，灵活调节聚合资源运行状态。虚拟电厂将电价信息发送至用户，调整用户生产至低电价时段，降低用户用电成本。同时，德国 Next Kraftwerke 虚拟电厂通过现货交易或输电系统运营商招标参与平衡市场，通过提供备用容量、平衡能量获得收益。

截至 2020 年 6 月，Next Kraftwerke 虚拟电厂能源交易量约 15.1 亿千瓦时，营业额约 6.3 亿欧元。

（2）Sonnen 着力推进住宅太阳能 + 储能项目构建虚拟电厂。Sonnen 建设的住宅太阳能 + 储能项目，不仅能以高达 90% 的效率运行，满足住宅用户的基本电力需求，还能用于平衡可再生能源的供需。2020 年，Sonnen 公司已经整合了装机容量为 0.2 万千瓦的虚拟电厂，用于参与德国的平衡市场。截至 2023 年 5 月，Sonnen 家用光伏储能系统在德国的安装量已经达到 100 万套。通过 Sonnen 公司推出的虚拟电厂管理软件，德国各地数以万计 Sonnen 电池可以像大型集中式储能装置一样进行智能调控。

随着欧洲大规模家庭储能计划的建设，截至 2023 年 8 月，Sonnen 虚拟电厂的总容量已达到 25 万千瓦，并预计在未来几年内持续增长到 100 万千瓦，为电网提供数字化的分布式电力缓冲。

5.1.3　美国虚拟电厂推动小规模分布式电源参与电力市场

美国虚拟电厂主要由需求响应计划发展而来，兼顾考虑可再生能源利用，已成为美国负荷响应和分布式电源管理的一种新型解决方案。美国虚拟电厂聚合资源主要包括居民社区、工商业园区分布式光伏、储能设施、电动汽车等。虚拟电厂通过调控用户侧储能设备，在夜间低电价时段从电网充电，在白天高电价时段放电供用户使用，降低用户的用电成本；同时聚合需求侧分布式资源，实时响应独立能源运营商的调节信号，缓解短期电网供需失衡和频率波动现象。目前，美国虚拟电厂试点项目数量超过 20 个，分布在 14 个联邦州。

2017 年，Tesla 与佛蒙特州公用事业公司（Green Mountain Power，GMP）合作开展了虚拟电厂项目，GMP 作为特斯拉储能产品 Powerwall 的渠道销售商，给业主提供折扣价格：业主可以选择以每月 55 美元分期 10 年或一次性 5500 美元（2017 年 Powerwall 原价 5900 美元）的优惠价格获得产品，但需要放弃一部分电池控制权，允许电力公司使用设备中储存的部分能量对电力系统进行削峰填谷。GMP 虚拟电厂聚合家用储能资源，参与调频市场、动态容量供应市场和交易电力批发市场并获取利益。

2022 年 Tesla 在美国德州北部举行 Powerwall 家庭储能电池的试验项目，64 个家庭参与该试验，安装 Tesla 屋顶太阳能板和家用储能电池。试验结果表明，设备能够在几秒钟内激活空闲的电池容量，并为电网输送电能，进而减轻德州电网的压力。

Tesla 还与美国加州公共事业公司 PG&E 合作，在加州创建新的虚拟电厂，向符合条件的 Powerwall 用户提供 2 美元 / 千瓦时的报酬激励，以便在电网发生紧急状况时向其输送电力，从而保障电网稳定，避免停电事件发生。加州将有 5 万个 Powerwall 用户符合补贴条件，累计 50 万千瓦时的能源容量可以在电力紧急状况下调配。

5.2 国内虚拟电厂

5.2.1 冀北虚拟电厂

自冀北虚拟电厂 2019 年 12 月投运以来，其平台已支撑 2 家虚拟电厂运营商（冀北综合能源服务公司、北京恒泰能联科技发展有限公司）、23 家资源用户使用，接入资源包含蓄热式电采暖、可调节工商业、智慧楼宇、智能家居、用户侧储能等 11 类，总容量 358 兆瓦，最人调节能力 204 兆瓦。其覆盖区域包含张家口、廊坊、承德、秦皇岛、唐山五地市。该虚拟电厂精准匹配不同类型电网需求与客户侧响应资源，积极参与电网互动交易，按照分区域、分特色行业的原则，逐步建设唐山钢铁、张家口蓄热电锅炉、电动汽车重卡充换站等特色化项目。

目前冀北虚拟电厂商业运营主要参与华北调峰辅助服务市场，2020 年 12 月份风电大发，受疫情影响低谷负荷低，系统调峰需求高，虚拟电厂调节里程较大，月度调节里程最高达到 468.7 万千瓦时。截至 2022 年 11 月初，冀北虚拟电厂已连续在线提供调峰服务超过 4800 小时，累计增发新能源电量 3701 万千瓦时；虚拟电厂运营商和用户总收益达 673.70 万元，平均度电收益 182 元 / 兆瓦时。

5.2.2 上海虚拟电厂

截至 2023 年 12 月，上海已累计培育虚拟电厂 24 家，可调节系统 / 设备超过 6 万余台，实际单次削峰能力超过 10 万千瓦，覆盖楼宇、电动汽车、铁塔基站、储能、三联供、分布式风光等多种类型资源。按投资主体来看，涵盖电网公司、铁塔公司、车企、社会企业等。

上海黄浦区商业建筑虚拟电厂于 2015 年启动试点工作，是国内最早的虚拟电厂项目，已有超 50% 商业建筑接入该虚拟电厂平台，响应资源约 6 万千瓦。2023 年组织了 7 次标准化需求响应虚拟发电事件，参与楼宇超过

500 幢次，累计消减峰值负荷电量超 16 万千瓦时。

2021 年 5 月，上海实现中国首次大规模使用虚拟电厂技术节能减碳。运用虚拟电厂技术，精准调控工业生产、商业楼宇、微电网等不同负荷资源，不仅是国内同类需求响应行动中可调节资源种类最全、充电桩负荷规模最大、基站储能参与度最高的一次，同时还首次融入了"智慧减碳"的概念。5 月 5 日凌晨 1 时至 4 时规模化填谷响应，平均填谷负荷 41.2 万千瓦，占比超过夜间电网低谷负荷总量的 3.3%，如图 5-1 所示；5 月 6 日下午 14 时至 15 时削峰响应，削减负荷 15 万千瓦，如图 5-2 所示。

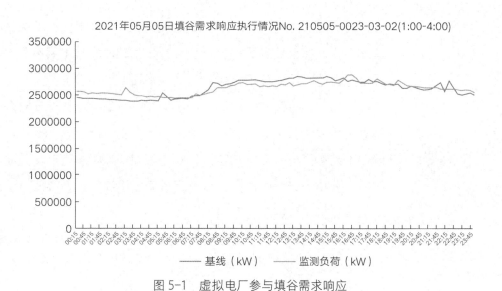

图 5-1　虚拟电厂参与填谷需求响应

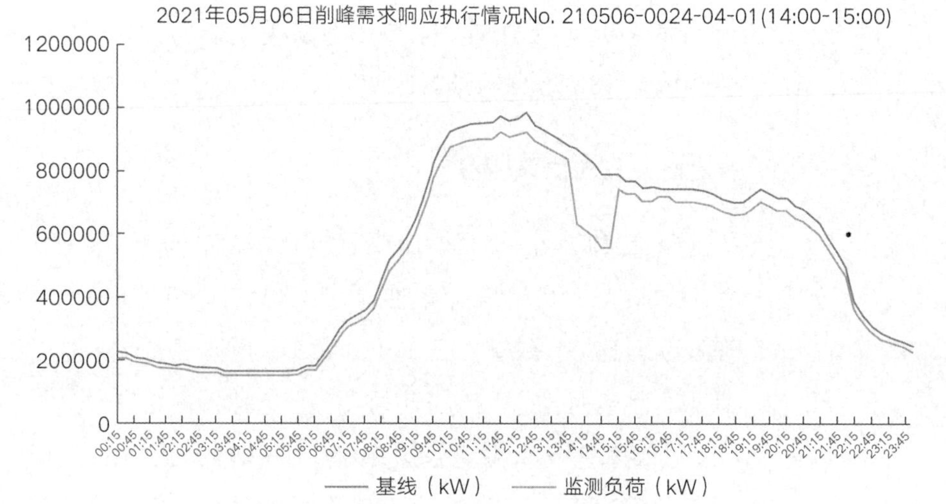

图 5-2　虚拟电厂参与削峰需求响应

5.2.3 深圳虚拟电厂

2019 年深圳虚拟电厂建设起步，从市场机制构建、实施模式探索、资源接入推广等多方面入手。

2021 年 12 月，南方电网公司在深圳上线国内首个网地一体虚拟电厂运营管理平台，南网总调和深圳供电局调度机构均可直接调度，实现可调节负荷全时段可观、可测、可调。2022 年 6 月，深圳市发改委发布《深圳市 VPP 落地工作方案（2022—2025）》（深发改〔2022〕447 号），给下阶段深圳虚拟电厂建设实施指明了方向。2022 年 8 月，国内首家虚拟电厂管理中心在深圳挂牌成立，其设在深圳供电局，由深圳市发展和改革委管理，标志着深圳虚拟电厂迈入快速发展新阶段。

截至 2023 年底，深圳虚拟电厂管理中心已汇聚了众多优质的虚拟电厂运营商，注册 45 家，另有 46 家运营商正积极接入，包含综合能源运营商、充电桩运营商、智能楼宇运营商、通信基站运营商家、电化学储能运营商、5G 基站储能运营商、冰蓄冷运营商和动力电池储能运营商。平台接入分布式资源涵盖 5G 基站、数据中心等信息通信基础设施、充换电场站、建筑楼宇、工业园区、储能系统等资源。接入资源数量超过 3 万个，规模超过 265 万千瓦，预计实时最大可调节负荷能力约 56 万千瓦，较 2021 年项目投运初期，接入总容量增长 14 倍，可调节能力增长 20 倍，是国内数据采集密度、接入负荷类型、直控资源、应用场景走在前列的虚拟电厂调控管理平台。2025 年，随着通信基站电源、楼宇空调、电动汽车、分布式光伏等技术改造及新建，预计可调节资源容量达 900 万千瓦，最大调节能力 100 万千瓦。

5.2.4 山西虚拟电厂

2022 年 6 月山西省能源局印发《山西省电力市场规则汇编（试运行 V12.0）》中明确了虚拟电厂参与市场交易的相关内容；并在同月发布的《虚拟电厂建设与运营管理实施方案》（晋能源规〔2022〕1 号）中，引导发、用、储侧资源通过虚拟电厂方式积极参与电力平衡，大幅提升电力系统的灵活性和可靠性。总体来看，山西虚拟电厂从项目主体申报方案、项目评审公示、项目主体开展建设、第三方测试，到接入运行、注册入市、资源变更、中长期交易、现货申报、结算考核、红利分享等，均有政策或规则依据，基本搭建了完整的虚拟电厂建设运营环境。

目前全国范围内仅山西省 2 家虚拟电厂参与现货市场。山西风行测控虚拟电厂聚合的可调节资源包括建材、铸造大工业用户和储能等，聚合容量 10 万千瓦，可调节容量 3 万千瓦，每天参与响应不小于 2 小时，调节速率 910 千瓦/分钟。该虚拟电厂自选中午低谷（12:00—16:00）、傍晚高峰（18:00—21:00）两个典型时段以报量报价模式参与，并根据出清负荷安排用电计划，通过有效调节所聚合资源的用电负荷，充分响应中长期、现货的分时价格信号获得市场收益。2023 年 8 月 2 日，风行测控虚拟电厂申报了首笔现货交易，累计申报 2 个时段，申报负荷 1.5 万千瓦；共计 7 个小时，预计通过调节可获利 7500 元，少用电量 18000 千瓦时，可供 3600 个家庭一天使用。下一步，风行测控将于 2025 年前实现聚合 100 万千瓦（相当于新建一座百万千瓦的燃煤发电厂）的目标。

山西电动汽车虚拟电厂是以"电动汽车＋可调工业负荷"为特色的虚拟电厂。目前，该虚拟电厂聚合负荷总容量达 7.64 万千瓦，单次最大可调负荷超过 2.4 万千瓦。预计 2024 年年底，该虚拟电厂可调节负荷将超过 30 万千瓦。

5.2.5　宁夏虚拟电厂

2023 年 7 月，宁夏市场管理委员会印发《虚拟电厂、储能等市场主体参与宁夏顶峰、调峰辅助服务市场运营实施细则》，明确虚拟电厂采用日前申报日内执行的方式参与调峰、顶峰辅助服务，调峰辅助服务报价上限 0.19 元/千瓦时，顶峰辅助服务报价上限 1.3 元/千瓦时。

2023 年 12 月，宁夏发展和改革委印发《宁夏回族自治区虚拟电厂运营管理细则（试行）》（宁发改规发〔2023〕16 号），明确了虚拟电厂的运营架构、建设要求、交易管理等，是全国首个省级虚拟电厂运营管理细则，为其他省份虚拟电厂运营管理提供参考。

截至 2023 年 12 月，宁夏已培育虚拟电厂 9 家。国网宁夏电力综合能源服务有限公司虚拟电厂作为试点单位，聚合资源容量 233.84 万千瓦，涵盖电采暖、数据基站、材料生产及制造、分布式光伏等 12 个行业，已完成虚拟电厂聚合运营系统的建设并接入负荷管理系统，试点参与辅助服务市场（以调峰服务为主）。自 2023 年 10 月启动虚拟电厂辅助服务以来，已开展 24 次调峰服务，参与调峰电量 389.92 万千瓦时。

5.3　虚拟电厂对比分析与工程建议

从国内外虚拟电厂实践对比看，有较大差别，总结见表5-2。

表5-2　国内外虚拟电厂实践对比

国内外 对比项	国外	国内
聚合资源类型	类型丰富，包括分布式电源、可调节负荷等各类资源，尤其欧洲以分布式可再生能源为主，可调节负荷资源类型占比较小	以可调节负荷资源为主，未能发挥国内丰富的可再生能源资源优势，从而难以实现虚拟电厂的规模效益
政策及市场成熟度	辅助服务市场和电力现货市场机制完善，尤其是电力现货市场更加成熟	具体市场尚不成熟，大部分省份以试点方式在推进
技术成熟度	核心技术更加成熟，尤其是其协调控制技术，可实现对各种可再生能源及负荷的灵活控制，对分布式可再生能源可控	分布式可再生能源可观、可测、可调、可控、政策亟待健全，且协调控制策略有待完善
商业模式	商业化路径清晰，以市场化交易盈利、提供综合能源和能源管理服务为主	商业模式尚不清晰，以参与相对成熟的市场化需求响应，及以虚拟电厂方式提供节能、用电监控等增值服务为主，参与辅助服务市场为辅，参与电力现货仍在尝试探索中

基于以上对比情况，对中国虚拟电厂项目建议如下：

（1）推动虚拟电厂项目积极参与电力现货市场、辅助服务市场交易。参与电力市场交易是虚拟电厂重要的盈利模式，应推动全部新建虚拟电厂参与电力现货市场、辅助服务市场，推动虚拟电厂积极参与电能量、调峰、二次调频辅助服务市场。同时，有条件的新建虚拟电厂工程可进一步参与容量市场、惯量辅助服务市场、无功和电压调节等新型辅助服务市场。根据虚拟电厂本地能源结构和市场建设进程，评估和规划聚合资源，建立虚拟电厂市场参与能力。

（2）虚拟电厂重点工程应突出新技术、新理论、新商业模式在工程中的应用。可重点支持大数据、人工智能、先进控制等新技术在技术型虚拟电厂聚合调控中的应用，并突出新技术所产生的效益。对已有虚拟电厂形成的成熟技术和成熟商业模式，应注重开展推广工作。此外，应重点评估新方法新技术等的实际应用价值，对高价值技术应推动编入虚拟电厂先进技术案例汇编中。

（3）虚拟电厂工程应支持开展用户侧储能、分布式光伏等新型需求侧可调节资源的聚合。目前已有虚拟电厂工程以聚合传统需求侧负荷为主，用户侧储能、分布式光伏参与虚拟电厂聚合较少。目前中国部分地区存在大量分布式光伏接入，其运行调控趋于无序。通过将分布式光伏聚合为虚拟电厂参与统一调控，可以有效提升用户侧分布式光伏的利用水平，虚拟电厂参与电网运行调控也可为分布式光伏用户带来额外收益。市场模式成熟阶段，应考虑虚拟电厂聚合分布式光伏参与绿电绿证交易，以满足出口型企业的绿色生产需求。

Chapter 6

总结与展望

6.1 总 结

虚拟电厂技术发展的政策基础已经具备，未来应用前景广阔，但其定义和内涵尚未统一。本报告编者提出，虚拟电厂是指利用数字化、智能化等先进技术，将需求侧一定区域内的可调节负荷、分布式电源、储能等资源进行聚合、协调、优化，结合相应的电力市场机制，构成具备响应电网运行调节能力的系统。多元聚合、可调可控、协同高效、共赢互动的虚拟电厂将实现规范化、规模化、市场化、常态化发展，积极参与新型电力系统建设。

本报告核心观点如下：

（1）从角色定位来说，虚拟电厂运营属于需求侧业务。虚拟电厂是需求侧资源的一种组织方式，是需求侧资源管理的重要对象。虚拟电厂应能够常态化参与电能量市场、辅助服务市场和需求响应，支撑电网供需平衡调节、促进新能源消纳。

（2）从资源范围来说，虚拟电厂存在地理空间位置约束。虚拟电厂依托配网发挥作用，其聚合资源电压等级较低，受地理位置和电网拓扑约束，主要参与省内和局部区域调节互动。各级调度机构调管的发电资源已实现高质量的调控，虚拟电厂聚合资源不应与调度直调范围重叠，避免调节混乱。

（3）国外虚拟电厂发展起步较早、各具特色，已进入商业化阶段。中国虚拟电厂起步较晚，目前仍处于试点探索阶段。中国电力市场仍在加速建设中，有望依托新型电力系统建设推动虚拟电厂积极参与市场化交易。

（4）现阶段，中国虚拟电厂发展仍然存在政策和市场机制不完备、虚拟电厂调节能力准确性不足、虚拟电厂业务信息贯通不畅、标准建设滞后等问题。

（5）为推动虚拟电厂规范化发展、提高调节可靠性，需要研究虚拟电厂检测技术，目前已取得了一系列阶段性成效。

（6）虚拟电厂的技术研究涵盖潜力感知、信息通信、先进控制、人工智能、数字孪生和网络安全六大技术领域，各项技术的发展和应用将为虚拟电厂的智能高效运行提供强有力的支持。

（7）虚拟电厂作为需求侧市场主体，率先具备报量报价参与现货交易的条件，是推动形成可靠价格信号、建设双边现货市场的重要载体。

（8）虚拟电厂通过参与电能量市场、辅助服务市场、需求响应以及为用户提供能源服务实现盈利。形成常态化收益渠道对于虚拟电厂的发展至关重要。虚拟电厂运营商可根据短期、中期和长期调节能力选择合理的运营模式，进一步提升参与市场交易的多样性与灵活性，并借助新技术提升运营效率，以应对市场变化和需求升级。

6.2　虚拟电厂发展建议

近两年，虚拟电厂引起了政府、社会和资本市场的广泛关注，各地纷纷研究出台相关政策和市场规则，试点项目呈现多点开花的态势。区别于需求响应作为保供措施的临时性特点，虚拟电厂需要常态化参与具有"两高"（高比例新能源和高比例电力电子化）属性的新型电力系统运行，实现与新能源波动性的高度匹配、电力平衡的常态调节。同时，虚拟电厂更强调运营商的"主体"概念。在交易规则中，长时间不参与交易的市场主体会被强制退市，其常态化、市场化运营需求迫切。为实现虚拟电厂规范化、规模化、市场化、常态化运营，建议如下：

（1）政府主管部门出台支持政策并完善市场机制。

1）强化政策支持，出台国家层面虚拟电厂建设运营指导意见等政策文件，推进社会各方达成共识。

2）开展市场顶层设计，各级政府主管部门应推动制定和完善电能量市场、辅助服务市场交易规则，为虚拟电厂参与多元交易提供合理、充足的盈利空间。

3）优化激励机制，在市场建设初期为虚拟电厂提供容量补贴、适当放宽考核等激励措施，使运营商和聚合用户有动力、有意愿参与电网调节。

（2）提高虚拟电厂技术水平。

1）提高仿真能力，建设高水平虚拟电厂仿真实验室，为虚拟电厂业务提供方案设计、应用场景测试、关键技术评估、机制模式验证等技术支撑。

2）加强关键技术攻关，开展需求侧资源容量可信性评估、对电网安全稳定运行影响评估、人工智能协调控制策略等关键技术研发。

（3）加快推动信息贯通及数据一致性。

1）实现系统信息互通，打通数据壁垒，统一虚拟电厂标准化接口规范，实现与电网系统的顺利衔接。

2）统一数据口径，规范虚拟电厂注册档案和计量结算数据源头，统一将电网用电信息采集系统计量数据作为虚拟电厂参与电力市场结算依据。

（4）加快推动标准编制与监督实施。

1）在建设阶段，围绕需求侧资源特性排查与调节能力建设、虚拟电厂运营支持系统建设、虚拟电厂接口及功能性能测试等核心工作，制定标准规范。

2）在运营阶段，围绕市场主体管理、资源状态管理监测、交易结算管理等核心环节，制定标准规范。

（5）鼓励工程试点和模式创新。

1）探索差异化的虚拟电厂发展路径，在不同省份试点深入探索虚拟电厂技术路线和商业模式。

2）提炼试点特色和亮点，总结试点典型做法和成功经验，形成具有可复制、可推广、有创新的虚拟电厂建设运营解决方案。

（6）进一步加强宣传引导。

1）推动形成行业共识，由相关行业机构和科研机构组织交流，辨析虚拟电厂概念内涵、功能边界和责任义务，推动虚拟电厂有序发展。

2）提高社会对虚拟电厂的认知，吸引各类用户广泛参与虚拟电厂聚合，引导社会资本开展虚拟电厂业务，构建虚拟电厂健康发展的良好生态。

6.3 未来展望

随着新型电力系统逐步形成和完善，新能源逐步成为发电结构主体电源，虚拟电厂在技术水平、市场机制、商业模式、标准体系等各方面将全面成熟。在全国统一电力市场体系下，各类市场主体全面参与市场交易，平等竞争、自主选择，电力资源在全国范围内得到进一步优化配置。中国虚拟电厂兼具公共事业属性与市场化属性，将实现规范化、规模化、市场化、常态化发展。

聚合资源类型丰富，聚合容量不断提升。虚拟电厂聚合资源类型包括需求侧分布式电源、可调节负荷及储能等各类资源。通过发挥虚拟电厂对各类小微资源组织协调的主动性，将数量多、分布广、单体规模小的需求侧资源"化零为整、聚沙成塔"，实现虚拟电厂的规模效益，提升电力系统安全裕度。

建成电力市场体系，商业模式趋于完善。虚拟电厂参与电能量市场和辅助服务市场的政策和市场机制趋于完善，形成了政府部门、市场运营机构、电网企业、虚拟电厂运营商、电力用户等各方协同的市场机制，建立了"谁提供，谁获利；谁受益，谁承担"的分摊共享机制。虚拟电厂常态化参与电能量和辅助服务市场交易，灵活地通过交易策略在多元市场中获得收益。

核心技术全方位突破，实现资源可靠调控。虚拟电厂的核心技术更加成熟，分布式光伏、风电等波动性能源的出力和短期负荷预测更加精准，人工智能、大数据、先进控制、网络安全等关键技术在虚拟电厂中广泛应用。建立电网—虚拟电厂运营商—聚合用户间的信任链条，实现虚拟电厂高可信调节。

相关标准体系健全，监督评价机制规范。虚拟电厂建设运营、市场准入、能力校核、计量结算、信息通信、安全防护等方面标准体系完善健全，依托检测机构对虚拟电厂相关软硬件产品进行检验测试。各项标准在业务参与主体、产业链上下游广泛应用，政府主管部门针对标准应用情况开展监督评价。

参考文献

[1] 陈宋宋，李德智．中美需求响应发展状态比较及分析 [J]．电力需求侧管理，2019，21(3):73-76+80．

[2] 杨新法，苏剑，吕志鹏，等．微电网技术综述 [J]．中国电机工程学报，2014，34(1)：57-70．

[3] 高赐威，梁甜甜，李扬．自动需求响应的理论与实践综述 [J]．电网技术，2014，38(2)：352-359．

[4] 高赐威，李倩玉，李慧星，等．基于负荷聚合商业务的需求响应资源整合方法与运营机制 [J]．电力系统自动化，2013，37(17)：78-86．

[5] 白杨，谢乐，夏清，等．中国推进售电侧市场化的制度设计与建议 [J]．电力系统自动化，2015，39(14)：1-7．

[6] 张家乐，吴志宽，许超，等．虚拟电厂在全球能源转型中的战略地位与实践探讨 [J]．电气技术与经济，2024(3):116-118+122．

[7] Bagchi A, Goel L, Wang P, et al. Adequacy assessment of generating systems incorporating storage integrated virtual power plants[J]. IEEE Transactions on Smart Grid, 2019, 10(3):3440-3451.

[8] Lu N, Zhang Y. Design considerations of a centralized load controller using thermostatically controlled appliances for continuous regulation reserves [J]. IEEE Transaction on Smart Grid, 2013, 4(2):914-921.

[9] 谢毓广，江晓东．储能系统对含风电的机组组合问题影响分析 [J]．电力系统自动化，2011，35(5):19-24．

[10] 李秀卿，李文，杨云鹏．含有风力发电机组配电网多目标重构的研究 [J]．电力系统保护与控制，2012，40(8):63-67．

[11] 王鹏，王冬容，等．走进虚拟电厂 [M]．北京：机械工业出版社，2020．

[12] 吴界辰，艾欣，胡俊杰．需求侧资源灵活性刻画及其在日前优化调度中的应用 [J]．电工技术学报，2020，35(9):1973-1984．

[13] 孙伟卿，刘晓楠，向威，等．基于主从博弈的负荷聚合商日前市场最优定价策略 [J]．电力系统自动化，2021，45(1):159-167．

[14] 张新，岳园园，曾好，等．面向电网规划的重点需求侧资源响应潜力评估方法 [J]．电力系统自动化，2023，47(16) :162-170．

[15] 田立亭，程林，郭剑波，等．虚拟电厂对分布式能源的管理和互动机制研究综述 [J]．电网技术，2020，44(6):2097-2108．

[16] 汪莞乔, 苏剑, 潘娟, 等. 虚拟电厂通信网络架构及关键技术研究展望 [J]. 电力系统自动化, 2022, 46(18):15-25.

[17] 曾鸣, 杨雍琦, 向红伟, 等. 兼容需求侧资源的"源-网-荷-储"协调优化调度模型 [J]. 电力自动化设备, 2016, 36(2):102-111.

[18] 刘瑞, 祁琪, 杨雪莹, 等. 基于能量块分配机制的温控负荷主动平衡控制方法 [J/OL]. 中国电机工程学报, 1-13.

[19] 周念成, 廖建权, 王强钢, 等. 深度学习在智能电网中的应用现状分析与展望 [J]. 电力系统自动, 2019, 43(4):180-191.

[20] 杨挺, 赵黎媛, 王成山. 人工智能在电力系统及综合能源系统中的应用综述 [J]. 电力系统自动化, 2019, 43(1):2-14.

[21] 陈宋宋, 王阳, 周颖, 等. 基于客户用电数据的多时空维度负荷预测综述 [J]. 电网与清洁能源, 2023, 39(12):28-40.

[22] 张宇帆, 艾芊, 林琳, 等. 基于深度长短时记忆网络的区域级超短期负荷预测方法 [J]. 电网技术, 2019, 43(6):1884-1891.

[23] Wang Y, Chen Q X, Sun M Y, et al. An ensemble forecasting method for the aggregated load with sub-profiles [J]. IEEE Transactions on Smart Grid, 2018, 9(4): 3906-3908.

[24] Chen Y, Wang Y, Kirschen D S, et al. Model-free renewable scenario generation using generative adversarial networks[J]. IEEE Transactions on Power Systems, 2018, 33(3): 3265-3275.

[25] Zhang Y, Ai Q, Xiao F, et al. Typical wind power scenario generation for multiple wind farms using conditional improved Wasserstein generative adversarial network[J]. International Journal of Electrical Power & Energy Systems, 2020 (114): 1-12.

[26] Liu Y, Zhang D, Wang X. A peak regulation ancillary service optimal dispatch method of virtual power plant based on reinforcement learning[C]// 2019 IEEE Innovative Smart Grid Technologies. Chengdu, China: IEEE, 2019: 4356-4361.

[27] 周翔, 贺兴, 陈赟, 等. 超大型城市虚拟电厂的数字孪生框架设计及实践 [J/OL]. 电网技术: 1-10[2024-04-13].

[28] 徐飞阳, 薛安成, 常乃超, 等. 电力系统同步相量异常数据检测与修复研究现状与展望 [J]. 中国电机工程学报, 2021, 41(20):6869-6886.

[29] Wu Meng, Xie Le. Online detection of low-quality synchro phasor measurements：a data-driven approach[J]. IEEE Transactions on Power Systems, 2017, 32(4): 2817-2827.

[30] 杨珂, 王栋, 李达, 等. 虚拟电厂网络安全风险评估指标体系构建及量化计算 [J/OL]. 中国电力, 1-12[2024-04-13].

[31] 李彬，贾滨诚，陈宋宋，等．基于网络编码面向需求响应的高效链路保护方法 [J]．电网技术，
    2018，42(9):3070-3077．

[32] 王金锋，郑博文，姜炎君，等．澳大利亚虚拟电厂发展概况与经验启示 [J]．供用电，2023，
    40(4): 63-73+82．